MARIE CURIE EN ESPAÑA

Radiografía de sus tres viajes

Eloy Calvo Pérez

Marie Curie en España.
Radiografía de sus tres viajes
© Eloy Calvo Pérez
e-mail: eloycalvop@gmail.com
http://tecnicaradiologica-ecp.jimdo.com
Reservados todos los derechos a favor del autor.
Fotografía de portada: Composición del autor.
Marie Curie hacia 1920. Autor: Henri Manuel.
Dominio Público.
ISBN: 9781724028594
Sello: Independently published

Índice

A Sofía en su primer cumpleaños y a Esperanza, Elena y Eva, las otras tres mujeres de mi vida.

INTRODUCCIÓN

Hablar de *Marie Curie* es hacerlo, sin lugar a dudas, de una de las grandes personalidades de la ciencia mundial. Pero, además, su fama y popularidad han traspasado hasta tal punto las fronteras de la ciencia que, hoy en día, resulta realmente difícil encontrar alguna persona medianamente formada que no tenga, al menos, un ligero conocimiento de la vida y la obra de esta mujer que, junto al que fuera su marido –*Pierre Curie*-, realizó tan grandes aportaciones en los campos de la físico-química y la ciencia médica.

Marie Skłodowska-Curie vino al mundo en Varsovia en noviembre de 1867. En 1891 viajó a Paris y en 1893 y 1894 obtendría las licenciaturas de física y matemáticas con los números 1 y 2 de su promoción, respectivamente.

En 1895 contrajo matrimonio civil con el físico *Pierre Curie* y con él trabajaría hasta la trágica muerte de éste, acontecida en 1906. Fruto de esta unión nacerían dos hijas, *Irène* y *Ève*.

A finales de 1897 inició la tesis doctoral sobre las radiaciones emitidas por el uranio y que habían sido descubiertas, el año anterior, por *Henri Becquerel*.

La base de su investigación la constituyeron las radiaciones emitidas por la pechblenda –mineral rico en uranio– y fruto de la misma fue el descubrimiento de dos nuevos elementos químicos a los que –ella y su marido– denominaron Polonio y Radio, el primero en honor a su país de nacimiento y el segundo por la gran cantidad de radiación que emitía.

Desde ese momento la "obsesión" de *Marie* fue intentar aislar estos elementos en su forma más pura, algo que terminaría consiguiendo con el radio aunque, tan sólo, en ínfimas cantidades (en 1910 consiguió obtener 1 gr de cloruro de radio puro y para ello necesitó triturar 8 toneladas de pechblenda).

1903 fue, sin duda, un año importante en la vida de *Marie Curie*. No sólo porque fue el año en el que defendió su tesis, "*Investigaciones sobre las sustancias radiactivas*", sino porque su labor investigadora acerca de las materias radiactivas le hizo acreedora del Premio Nobel de Física junto a su marido *Pierre* y, al también físico francés, *Henri Becquerel*.

Era la primera mujer en recibir este preciado galardón y ocho años después, en 1911 al obtenerlo en la disciplina de Química, se convertiría en la primera persona en conseguirlo en dos ocasiones y, además hacerlo en dos materias diferentes.

Pierre y Marie Curie en una foto de estudio en 1903

Y si 1903 había sido un año feliz, 1906 sería el que trajera el luto y el dolor al hogar de los *Curie*: *Pierre* perdía la vida en un trágico accidente de circulación cuando caminaba distraído bajo una intensa lluvia.

Tras la muerte de su marido, *Marie* pasó a ocupar el puesto de profesora en la Sorbona, labor que hasta ese momento había desarrollado

Pierre Curie. La tragedia la acababa de convertir, de esta manera, en la primera mujer que impartía clases en esta Universidad.

Muerto *Pierre Curie, Marie* se convirtió en la mejor embajadora del trabajo desarrollado por su marido, tanto del realizado por éste antes de conocerse como de aquel otro que vio la luz gracias al esfuerzo común.

No hubo un día de su vida en el que no reivindicara el trabajo de *Pierre* y en el que no luchara por conseguir el ansiado laboratorio que, a ambos, les había sido negado.

1911 fue el año del segundo Nobel pero fue, también, aquel en el que tuvo que soportar inadmisibles intromisiones en su vida privada por una supuesta relación con el físico y amigo de la familia, *Paul Langevin.* La prensa se cebó con ella y, al menos, durante un tiempo el pueblo francés olvidó las aportaciones que, en el campo de la ciencia, había realizado para honor y gloria de Francia.

Por fin, en julio de 1914 vio la luz el tan ansiado laboratorio que habría colmado de felicidad a *Pierre Curie*: el Instituto del Radio.

Marie fue nombrada directora del mismo pero, en la práctica, la guerra retrasaría durante cuatro años el inicio de los trabajos.

Como todo el que se haya acercado alguna vez a la figura de *Marie Curie* conoce, durante la guerra participó activamente en la creación de unidades quirúrgicas móviles así como de vehículos con equipamiento radiológico que eran enviados al frente. Fueron los popularmente conocidos como *"Petites Curies"*.

Marie al volante de una de sus "Petites Curies"

Cuando acabó la guerra, Francia contaba con más de 500 unidades fijas de rayos X y unos 50 vehículos móviles. Una parte importante de este dispositivo –unas doscientas unidades fijas y unos veinte vehículos móviles– fueron obra de *Marie* y de sus colaboradores.

Entre estos últimos cabría destacar a su hija *Irène* quien estuvo al lado de su madre casi desde el comienzo del conflicto y a la que sustituyó al final de la contienda, haciéndose cargo de la dirección del complejo dispositivo sanitario que *Marie* había ayudado a crear.

Todas las experiencias vividas durante el conflicto fueron recogidas por *Marie* en su libro *"La Radiologie et la Guerre"* que sería publicado en 1921.

Poco antes de concluir la guerra, *Marie Curie* comenzó verdaderamente su labor en el Instituto del Radio. Con anterioridad a la guerra su vida había estado dedicada al radio y a la terapia con él y, una vez que el conflicto armado concluyó, se consagró de nuevo a esa tarea.

En aquel momento *Marie Curie* era una celebridad internacional y supo aprovechar esta circunstancia para su causa. En 1921 y 1929, realizó sendos viajes a EEUU durante los cuales se le hizo entrega del dinero que varias organizaciones de mujeres habían recaudado para que pudiera financiar sus investigaciones con el radio.

En el primero de ellos el Presidente *Warren H. Harding* le hizo entrega, simbólicamente, de un gramo de radio (100.000 dólares). Ocho años después sería el Presidente *Herbert Hoover* quien le entregara un cheque por valor de 50.000 dólares que se destinaron a la compra de radio para el Instituto del Radio de Varsovia.

Miembro del *Instituto Solvay de Física*, desde su fundación en 1911, participó en los siete congresos que este prestigioso Instituto organizó entre 1911 y 1933.

Marie Curie falleció el 4 de julio de 1934 a causa de una anemia aplásica producida, probablemente, por la excesiva y prolongada exposición a las radiaciones X durante la Gran Guerra y a los elementos radiactivos con los que trabajó durante toda su vida.

Fue enterrada en el cementerio de Sceaux, a pocos kilómetros de Paris, en la misma tumba en la que reposaban los restos de su marido.

El 20 de abril de 1995, las cenizas de ambos fueron trasladadas al Panteón de Paris, donde descansan al lado de otras 72 personalidades de la Historia de Francia.

Fue la primera francesa en ser Doctora en Ciencias, la primera mujer en ser profesora de la Sorbona, la primera mujer en recibir un Nobel y la primera en reposar en el "*Panteón de los Hombres Ilustres de Paris*", como recordó el Presidente de la República, *François Miterrand*, en la ceremonia solemne que tuvo lugar aquel histórico día.

Marie Curie recibió en vida multitud de reconocimientos. Además del Nobel de Física de 1903 y el de Química de 1911 recibió las "*Medallas Davy* y *Matteucci*" y el "*Premio Willard Gibbs*", en 1903, 1904 y 1921 respectivamente. Más de ochenta Sociedades y Academias de todo el mundo la contaban entre sus miembros y fue investida doctora "*honoris causa*" en una veintena de ocasiones.

Según dejó escrito su hija *Éve*, en las memorias que ésta dedicó a su madre, el reconocimiento que más habría apreciado *Marie* fue aquel que no tuvo. Parece mentira pero, a pesar de todo el trabajo radiológico llevado a cabo en los hospitales de campaña franceses durante la Gran Guerra, nunca recibió el reconocimiento formal por parte del gobierno de la República Francesa.

Es cierto que años atrás había renunciado a la Legión de Honor –"*su marido y ella habían necesitado un laboratorio no una condecoración*" – pero los que la conocían estaban convencidos de que si, al final de la guerra, hubiera sido propuesta para el grado de caballero habría aceptado. Fueron muchas las mujeres que recibieron rosetas u otras condecoraciones por su trabajo durante el conflicto. *Marie Curie* no recibió ninguna.

Como ya hemos comentado, el reconocimiento por los servicios prestados a Francia le llegaría muchos años después de su muerte: el día que sus restos fueron conducidos con todos los honores al Panteón de Paris e introducidos en él bajo salvas de honor.

Marie Curie fue una investigadora incansable hasta el último minuto de su vida. Pero fue, también, una mujer honesta, generosa y comprometida socialmente.

Con anterioridad al comienzo de la guerra ya había dado muestras de su honestidad e integridad. Tras licenciarse en física continuó un año más en la Sorbona y se licenció en matemáticas. Pues bien, para esta segunda licenciatura aceptó una beca de 600 rublos de la *Fundación Alexandrowitch* que no dudó en restituir años más tarde, a esta misma asociación, cuando tuvo disponibilidad económica.

Y este tipo de comportamientos la acompañaron a lo largo de toda su vida. El que sigue es un ejemplo de ello: durante su primer viaje a EE.UU. recibió nueve doctorados *honoris causa* por distintas Universidades y rechazó el de física, que le iba a ser otorgado por la prestigiosa Universidad de Harvard, alegando que no lo merecía puesto que *"no había hecho nada importante en esa ciencia desde 1906"*.

El compromiso y la calidad humana de *Marie Curie* pueden quedar sintetizados en las opiniones que tras la muerte de ésta expresaba su colega y amigo *Albert Einstein*:

"Cuando una personalidad tan destacada como la señora Curie llega al fin de sus días, no debemos darnos por satisfechos solo con recordar lo que ha dado a la humanidad con los frutos de su trabajo.

Las cualidades morales de una personalidad tan destacada como la suya quizá tengan un significado aún mayor para nuestra generación y para el curso de la historia que los triunfos puramente intelectuales. Hasta estos últimos dependen, en un grado mucho mayor de lo que suele creerse, de la talla del personaje.

Fue una gran suerte para mí poder relacionarme con la señora Curie durante veinte años de sublime y perenne amistad. Su grandeza humana me admiró cada vez más. Su fuerza, la pureza de su voluntad, su austeridad para consigo misma, su objetividad, su juicio incorruptible... todas esas cualidades eran de un carácter tal que pocas veces se hallan en un mismo individuo.

(...) Si la fuerza de carácter y la devoción de la señora Curie estuviesen vivas en los intelectuales europeos, aunque sólo fuese en una pequeña proporción, Europa tendría ante sí un futuro brillante".

Si bien es cierto, como indicábamos al principio de esta introducción, que es difícil encontrar alguien que no haya oído hablar de *Marie Curie* no lo es menos que hay aspectos o hechos de su vida que son bastante poco conocidos.

Uno de ellos, al modesto entender de quien escribe estas líneas, es todo lo relacionado con los viajes que *Marie Curie* realizó a nuestro país, a España.

Efectivamente, *Marie Curie* –*Madame Curie*, como todo el mundo la denominaba– viajó a España en tres ocasiones. La primera de ellas fue en el mes de abril de 1919 y, acompañada por su hija *Irène*, acudió como invitada al I Congreso Nacional de Medicina que se desarrolló en Madrid y que contó, además de con una nutrida representación de médicos de todos las provincias españolas, con la participación de un selecto número de médicos e investigadores extranjeros.

El segundo viaje de *Marie Curie* a nuestro país tuvo lugar en 1931. Una semana después de ser proclamada la II República Española acudió a Madrid para pronunciar dos conferencias, una en la Residencia de Estudiantes y otra en la Universidad.

Una *Marie Curie* muy debilitada físicamente visito España por tercera y última vez en mayo de 1933. Lo hizo para presidir una reunión internacional sobre *"El porvenir de la Cultura"* en su condición de Vicepresidenta de la Comisión Internacional del Cooperación Intelectual de la Sociedad de Naciones y ello le permitió departir con personalidades de la talla de los españoles Gregorio Marañón y Miguel de Unamuno, con el escritor francés *Paul Valéry* y con profesores de universidades del prestigio de Harvard y Cambridge.

Estos viajes ayudaron, sin lugar a dudas, a divulgar la importante labor investigadora llevada a cabo tanto por *Marie Curie* como por su marido, así como los logros conseguidos por ambos, pero sirvieron también de intercambio de ideas y conocimientos de la ilustre visitante con algunas de las personalidades que, en cada uno de los momentos en los que el viaje tuvo lugar, destacaban en los ámbitos científico y cultural españoles.

Entre las personas que tuvieron la fortuna de compartir con *Marie Curie* alguno de los momentos que, ésta, pasó en España podemos destacar a los doctores Florestán Aguilar y Celedonio Calatayud en el primero de los viajes, al químico Enrique Molés y al físico Blas Cabrera en el segundo y a los ya citados, Miguel de Unamuno y Gregorio Marañón en el último de ellos. Como puede comprobarse, todos ellos de una categoría extraordinaria.

Madame Curie aprovechó los viajes que realizó a nuestro país para conocer algunas de las regiones y provincias que más le interesaban, así como sus monumentos más importantes. Podríamos decir que, en ellos, ciencia y turismo se fundieron, aunque sólo fuera por unos breves días.

De esta mezcla de conferencias, actos oficiales y momentos de ocio es de lo que pretendo hablar. Intentaré hilar un relato en el que los unos y los otros aparezcan en perfecto equilibrio, respetando siempre el peso específico que cada evento tuvo en realidad, y encuadrándolos en el momento histórico en el que se produjeron.

Y lo haré apoyándome en la documentación que, sobre las conferencias que *Marie Curie* impartió en España, se encuentra depositada en el fondo digital de la *Bibliothèque Nationale de France* y en los periódicos, revistas y anuarios de la época que pueden ser consultados en la Hemeroteca Digital de la Biblioteca Nacional de España.

Espero que de todo ello resulte un relato ameno y entretenido que ayude a un conocimiento aun mayor, si cabe, de la figura de la "*Dama del radio*".

Marie Curie pocos meses antes de fallecer (1934)

PRIMER VIAJE.- ABRIL DE 1919

I Congreso Nacional de Medicina

INVITACIONES FORMALES

Sentado delante de su escritorio, el 13 de noviembre de 1917, el Doctor Florestán Aguilar ultimaba la carta en la cual explicaba a *Marie Curie* los pasos dados para que el Gobierno del Reino de España mediara ante el Gobierno francés afín de que, éste, facilitara la presencia del Profesor *Roux* y de la propia *Marie* en el I Congreso Nacional de Medicina que, bajo el patrocinio de S. M. el Rey Don Alfonso XIII, estaba previsto celebrar en Madrid en el mes de abril de 1918 y al que ambos científicos habían sido invitados por el Comité Organizador del evento.

En la misiva, el Secretario General del Congreso Médico, comunicaba a *Marie Curie* que la inauguración del Congreso tendría lugar el 21 de abril, que a él habían sido invitados también el Doctor *Giulio Fanno*, profesor de Fisiología en Florencia y el Doctor *Almrod Wright*, del *St. Mary's Hospital* de Londres y que la conferencia que ella pronunciaría, si tuviera la amabilidad de asistir, se llevaría a cabo la tarde del miércoles 24 de abril.

De manera en extremo cortés, el Dr. Aguilar concluía la carta poniéndose a disposición de la investigadora francesa para preparar todo aquello que precisara para la conferencia que tendría lugar en el Paraninfo de la Universidad y asegurándole *"que podía estar segura de la calurosa acogida que tendría en España, como homenaje al alto valor de su personalidad y a la Ciencia francesa"*.

Cuando unos meses antes el Comité Organizador del Congreso planteó la posibilidad de invitar al mismo a *Marie Curie* el apoyo a la propuesta había sido unánime.

Alguien podría haberse preguntado la razón por la que se invitaba a este importante evento a una persona que no era médico, por conocida y famosa que ésta fuera.

Naturalmente nadie lo hizo.

La importante labor desarrollada por *Marie Curie* durante la Guerra Mundial en los hospitales de campaña de Francia y Bélgica –en el campo de la radiología– y los muchos años que llevaba investigando y trabajando en la terapia con radio eran motivos más que suficientes no sólo para asistir a este Congreso sino, incluso, para hacerlo con todos los honores y en "olor de multitudes".

Curiosamente, tres años después, en febrero de 1922 *Marie Curie* ingresaría en la Academia de Medicina Francesa. Paradójicamente las puertas de la Academia de Ciencias nunca llegaron a abrirse para ella.

Florestán Aguilar Rodríguez

Al final, y con los preparativos muy avanzados, la fatalidad obró para que el Congreso Médico tuviera que posponerse. Y no una vez, sino dos.

Efectivamente, el Congreso no se celebraría hasta abril de 1919; es decir, justo un año después de lo que en un principio estaba previsto.

El motivo de la suspensión, como tal vez haya imaginado el lector, fue la pandemia de gripe que asoló al mundo y que, desgraciadamente para nosotros, ha pasado a la historia como la *"gripe española"*.

Los virólogos actuales afirman que el virus de la gripe de 1918 fue unas 25 veces más mortal que los que le han sucedido a lo largo de los años. Una de sus peculiaridades, a diferencia de otros tipos de gripe, fue la alta mortalidad que produjo entre individuos jóvenes –entre 20 y 40 años de edad–.

La extensión de la enfermedad alcanzó tales dimensiones que perecieron más de 50 millones de personas, más o menos un 2,5% de la población mundial. No sólo superó en número de víctimas a la Peste Negra sino que multiplicó varias veces el número de caídos en la Gran Guerra.

A día de hoy se desconoce a ciencia cierta donde se originó la enfermedad. Algunos investigadores la sitúan en Francia en 1916 y otros en China en el año 1917. En lo que todos parecen estar de acuerdo es que el primer caso registrado tuvo lugar en la base militar de Fort Riley en EE.UU., el 4 de marzo de 1918.

Curiosamente las primeras personas que enfermaron en Europa no lo hicieron en España. ¿Por qué entonces el nombre de "*gripe española*"?

Todo indica que, al no estar involucrada en la guerra, España fue el país que más informó sobre todos los casos que se produjeron.

Parece lógico pensar que los países contendientes, temiendo desmoralizar a su población y mostrar debilidad ante el enemigo, establecieran una especie de censura tácita a la hora de informar sobre la enfermedad.

Debido a ello, los periódicos españoles fueron los primeros y los que más información ofrecieron sobre esta epidemia que estaba diezmando a su población: unos 8 millones de afectados y alrededor de 300.000 personas fallecidas. Hacerse eco del problema ayudó, sin duda, a que la epidemia fuese bautizada como "*gripe española*".

No obstante y al respecto del nombre con el que se conoce a esta pandemia conviene reseñar que, en un primer momento, los diarios españoles también intentaron dar a la enfermedad un nombre extranjero. En alguna crónica de la época fue denominada como "*El soldado de Nápoles*" o también como "*La enfermedad de moda*". Sin embargo fue el término acuñado por el corresponsal en Madrid del periódico *The Times* el que ha pasado a la historia: "*La Gripe Española*".

Resulta evidente que en estas circunstancias, con el país aquejado de una gravísima epidemia de gripe, no parecía lógico celebrar un Congreso de Medicina. Piénsese que la profesión médica estaba completamente volcada en la prevención de la enfermedad y en el tratamiento de los miles de nuevos casos que cada día aparecían. Y eso, sin tener en cuenta, que un número importante de médicos se encontraban entre los afectados y, desgraciadamente, entre los fallecidos.

Ante esa tesitura no quedó más remedio que posponer el Congreso.

Han transcurrido casi nueve meses. Cambiamos de remitente pero no de destinataria. El 28 de agosto de 1918 es el Dr. Celedonio Calatayud, Presidente de la Real Sociedad de Electrología y Radiología Médicas, quien en su calidad de miembro del Comité Organizador del

"Premier Congrès des Sciences Medicales d'Espagne" está ultimando la carta que, pasados unos días, recibirá *Marie Curie* en el Instituto del Radio parisino.

Calatayud aprovecha la misiva para alabar la personalidad de *Mme. Curie* a la par que invitar, formalmente, a ésta para que asista al Congreso que ha de celebrarse en el mes de Noviembre.

Pero la carta contiene algo más. El radiólogo español utiliza el texto para presentar sus credenciales – *"el primer médico que ha aplicado el radium en España"* –y para comunicar a la científica francesa que la Sociedad de Electrología y Radiología Médicas piensa dedicar un número extraordinario de su revista a homenajear a la descubridora del radio por lo que *"le solicita, cortésmente, que escriba algo de su puño y letra"* para la referida revista-homenaje.

Doctor Celedonio Calatayud

Que *Marie Curie* era, en aquel momento, un referente internacional del tratamiento con el radio lo demuestra el interés que despertó la posibilidad de que acudiera a Madrid. Prueba de ello fueron las múltiples vías utilizadas por los médicos españoles para hacer llegar a *Marie* el interés del Comité Organizador para que asistiera al Congreso.

Veamos un ejemplo: el 9 de septiembre de 1918 el Doctor *Lamarck Sanlier*, médico mayor de 2ª clase perteneciente a la Sección de la

Cruz Roja Serbia en Francia, se dirigía a *Marie Curie* en los siguientes términos:

"Un congreso médico español debería tener lugar a mediados del próximo octubre. El Doctor Gómez Ulla de la Misión Militar Española, en nombre del Presidente del congreso, ha enviado una carta de invitación para Usted.

Su presencia es solicitada calurosamente por todos los miembros del congreso y si usted acepta la invitación hará una excelente obra de propaganda en favor de la ciencia médica francesa.

Todos los gastos de la estancia y los viajes serán pagados por los españoles".

Ese mismo mes –septiembre de 1918- la revista *"España Médica"* anunciaba la visita de la famosa científica para participar en una conferencia en el I Congreso Nacional de Medicina. El artículo esbozaba la personalidad de *Marie Curie* e iba firmado por la intelectual feminista española Margarita Nelken, quien con anterioridad había asistido a alguna conferencia de *Marie Curie* en la Sorbona. Lo que sigue es un extracto del mismo:

"Más bien menuda, joven aún o, mejor dicho, todavía no vieja, con el pelo echado hacia atrás y recogido en un moño cualquiera, vestida casi pobremente, con traje de lana negra, Madame Curie, en su curso de la Sorbona, parecía una estudiante rusa que hubiese ocupado por una vez el puesto de profesor.

Entraba y nadie se daba cuenta de ello. Tan tímida como era, ya había dibujado varias figuras en la pizarra cuando se advertía su presencia. Se la aplaudía; se volvía, ella, entonces hacia el auditorio, saludaba con una sonrisa triste y limpiaba con cuidado unas manchas de tiza que tenía en la blusa. Después con la vista baja o vuelta hacia la pizarra explicaba su curso, de forma sencilla, sin declamar ni hacer gestos, con una voz monótona y bien timbrada, sin corregirse, sin vacilar jamás.

Su acento extranjero la hacía aún más distante de su ambiente, de todo lo que la rodeaba y parecía, en verdad, una mujer que "recitase" sus pensamientos interiores sin cuidarse de los que estaban delante pero siempre de manera sencilla".

Pero la sociedad española, y en particular la clase médica, aún tendría que esperar unos meses para conocer a *Marie Curie* y deleitarse con su personalidad pues el Congreso Médico sufrió un nuevo retraso. La epidemia de gripe obligó a posponer el evento una vez más. El mismo Doctor *Sanlier* se lo anunciaba por carta a *Marie Curie*:

"El Congreso de Madrid se ha retrasado al 19 de abril de 1919 debido a la fuerte epidemia de gripe que se está produciendo en España y que retiene en sus países a todos los médicos. El Congreso se encuentra también amenazado de ver disminuir el número de inscritos".

Reza un dicho muy español que "a la tercera va la vencida". Desde luego en este caso así fue como ocurrió.

El día 3 de marzo de 1919 será de nuevo el Doctor Florestán Aguilar quien se dirija por carta a *Marie Curie*:

"Como continuación a la correspondencia que tuve el honor de dirigirle el año anterior, a propósito del Congreso de Medicina cuya inauguración hubo de ser suspendida a causa de la epidemia de gripe, tengo el placer de enviarle hoy en nombre del Comité Organizador el programa definitivo de las sesiones. Esperamos tener el placer de escuchar su conferencia la tarde del martes 22 de abril.

Esperamos que venga acompañada de su hija y que el Doctor Gómez Ulla tenga la bondad de preparar su viaje y anunciarnos su llegada".

Faltaban quince días para la inauguración del Congreso y todavía quedaban algunos pequeños detalles por cerrar. De algunos de ellos *Marie Curie* fue informada por el Dr. Gómez Ulla el día 5 de abril:

"Solicité ayer a la Embajada que insista de nuevo al Ministerio de Asuntos Extranjeros, para que la autorización para viajar a España le sea concedida lo más pronto posible, pero le ruego que haga usted misma alguna gestión ante el Rector de la Universidad.

Estaba obligado de fijar la fecha de partida a causa de las plazas en los coches-cama y he acordado que sea el día 17 como habíamos ya convenido.

Necesitan un pasaporte de la Prefectura de Policía con fotografía y le ruego que me avise, tan pronto los tenga, para visarlos en nuestra Embajada".

Aunque se trataba de una mera formalidad, el 9 de abril el Vicerrector de la Universidad de Paris, solicitó a *Marie Curie* que representara a la Sorbona en el Congreso madrileño:

"Un Congreso de Medicina tendrá lugar próximamente en España. Tengo el honor de rogarle que asista al mismo como delegada de la

Universidad de Paris. Nadie mejor que usted está cualificada para representar con brillantez la ciencia francesa en ese Congreso.

Le agradezco por adelantado los servicios que usted rendirá en esta circunstancia a la causa de la influencia francesa en España".

En esas fechas, y teniendo en cuenta las demoras sufridas por el Congreso, es de suponer que *Marie Curie* ya tuviera terminado el texto de su conferencia: *Les Radiations des Radioéléments et la technique de leur emploi* (Las Radiaciones de los Radioelementos y la técnica de su empleo).

Fuera o no así, hay un dato curioso. En el primero de los folios manuscritos, conservados en la Biblioteca Nacional de Francia, en el borde superior derecho figura el año de 1919 seguido de una interrogante. Ello hace pensar que, cuando realizó esas primeras anotaciones, *Marie Curie* no estaba completamente segura de que el Congreso terminaría realizándose en la fecha prevista.

Las primeras anotaciones de su puño y letra ocupan 7 folios en los que flechas, tachaduras y correcciones se mezclan en un mosaico variopinto que dan paso a otras 17 hojas en las que, debido a nuevas tachaduras y anotaciones en los márgenes, no resulta fácil leer su contenido.

Afortunadamente, disponemos también del texto escrito a máquina.

El texto definitivo de la Conferencia que *Marie Curie* terminaría dictando el martes 22 de abril de 1919, y que como veremos más adelante generó una enorme expectación, ocupaba 24 folios mecanografiados (ver Anexo I, al final del libro).

En ellos la "sabia francesa", como algunos se refirieron a ella, tras destacar de manera introductoria las diferencias fundamentales entre los rayos catódicos, los rayos positivos, los rayos Roentgen y los rayos emitidos por el uranio pasaba a describir como se produjo el descubrimiento del radio y de los otros radioelementos.

Seguía después una disertación sobre las características, energía, poder de penetración y efectos fisiológicos de los tres tipos de radiaciones $-\alpha$, β y $\gamma-$ emitidos por los radioelementos para terminar refiriéndose a las emanaciones del radio y a la utilización terapéutica de los radioelementos basada en los efectos fisiológicos de la radiación, una vez señaladas las diferencias entre la terapia con rayos Roentgen y la terapia con radio.

Faltaban escasos días para viajar a Madrid y *Marie Curie* no sólo tenía listo el texto de la Conferencia que pronunciaría sino que había recibido también respuesta al respecto de los medios con que contaría para llevarla a cabo.

En efecto, la científica había enviado a Madrid una especie de cuestionario para conocer la posibilidad de disponer o no de toda una serie de elementos que facilitaran su disertación.

Éstas son algunas de las cuestiones que formulaba y la respuesta que recibió fue en todos los casos afirmativa:

1. Posibilidad de conseguir oscuridad completa en la sala.
2. Un proyector para clichés.
3. Un segundo equipo para la proyección de un electroscopio sobre una gran pantalla.
4. Varias tomas de corriente eléctrica para estas proyecciones.
5. Una mesa grande para colocar los aparatos y las muestras que necesitaba durante la conferencia.

Se aseguró, también, de los modelos de electroscopios de los que podría disponer así como de las muestras de minerales radiactivos.

De esta manera, cuando *Marie Curie* emprendió el viaje en dirección a la capital de España ya sabía que podía contar con muestras de actinio y torio pero no de polonio. Y, por supuesto, con varios tubos de 10-12 miligramos de bromuro de radio. En realidad, todo lo que necesitaba.

LA ESPAÑA DE 1919

Cuando el 13 de noviembre de 1917 el Doctor Florestán Aguilar ultimaba la carta en la que *Marie Curie* era invitada formalmente a participar en el I Congreso Nacional de Medicina la situación política en España distaba mucho de ser tranquila.

El papel neutral que nuestro país mantuvo durante la Primera Guerra Mundial había reportado pingües beneficios a un sector del empresariado pero, mientras esto ocurría, la clase trabajadora estuvo sometida a unas durísimas condiciones laborales, en la mayor parte de los casos, a cambio de salarios miserables.

El injusto reparto de los beneficios de ese "*boom económico*" y la creciente inflación condujeron al estallido social y a una profunda crisis que ha pasado a la historia como "la crisis de 1917" y que, en el fondo, no fue sino la suma de una serie de elementos que causaron una gran desafección política en diversos sectores sociales.

Podríamos hablar, en primer lugar, de una profunda crisis militar debida al descontento entre los oficiales "peninsulares" por los rápidos y, en su opinión, inmerecidos ascensos de los oficiales "africanistas" y que desembocó en la creación de las "*Juntas de Defensa*", instituciones que llegaron a cuestionar la disciplina militar y la subordinación del ejército al poder civil y a las que el gobierno conservador de Eduardo Dato terminaría plegándose.

Se produjo también una crisis legislativa o parlamentaria cuando setenta diputados y senadores –de la *Lliga Regionalista*, socialistas, republicanos e incluso algún liberal– constituyeron en la ciudad condal una "*Asamblea Nacional de Parlamentarios*" que exigió un cambio de gobierno y la convocatoria de unas Cortes Constituyentes.

Y las reivindicaciones de la clase trabajadora condujeron a un estallido social que tuvo su culminación en la huelga general convocada por los sindicatos CNT y UGT que, al final del verano, paralizó la vida de muchas ciudades y supuso la muerte de un centenar de personas y la detención de miles de ellas.

Las consecuencias de la huelga general no se hicieron esperar. Ante la amenaza revolucionaria, las "*Juntas de Defensa*" se olvidaron de sus reivindicaciones y apoyaron las medidas represivas contra los huelguistas. De otra parte, la "*Asamblea de Parlamentarios*" se disolvió tras la dimisión de Eduardo Dato y la formación de un gobierno de coalición en el que participó la *Lliga Regionalista*.

Cuando el 28 de agosto de 1918 el Dr. Celedonio Calatayud se disponía a invitar a *Marie Curie* por segunda vez, como nueve meses antes hiciera su colega el Dr. Florestán Aguilar, las cosas no habían cambiado mucho. La lucha de clases se había convertido, sin duda, en el mayor problema de nuestro país. La Guerra Mundial estaba dando sus últimos coletazos y su principal consecuencia sería una profunda crisis económica y social que desencadenó una gran conflictividad social, fundamentalmente en Barcelona.

Una idea del alcance de la crisis que estaba viviendo el país podemos obtenerla de los vaivenes que se produjeron en la Jefatura del Gobierno a lo largo de 1918. Como consecuencia de los sucesos de 1917, el 24 de febrero de 1918 se celebraron elecciones legislativas resultando, posteriormente, nombrado Presidente del Consejo de Ministros D. Manuel García Prieto quien formó un gobierno de concentración entre liberales, conservadores y la *Lliga*.

No había transcurrido un mes —el 22 de marzo— cuando García Prieto fue sustituido por Don Antonio Maura quién nombró un gabinete de coalición en el que participaron los mismos grupos políticos. Maura gobernó hasta los primeros días de noviembre cuando, de nuevo, García Prieto le sustituyó al frente de un gobierno liberal.

Don Manuel García Prieto no debía ser hombre apegado al poder pues a los 26 días dimitió – permaneció al frente del gobierno más o menos el mismo tiempo que la vez anterior– y el 5 de diciembre se constituyó un nuevo gobierno dirigido, esta vez, por el Conde de Romanones.

¿Qué España se iban a encontrar *Marie Curie* y el resto de invitados extranjeros cuando unos meses después recalaran en Madrid para asistir al Congreso Médico? Sencillamente, una muy parecida a la que venimos describiendo, una España en la que el Jefe del Estado –S.M. Don Alfonso XIII– no paraba de firmar decretos de disolución de las Cortes y nombramientos de nuevos Presidentes de Gobierno.

Al nuevo Jefe del Gobierno le sirvió de poco su experiencia en el puesto pues Don Álvaro de Figueroa y Torres –Conde de Romanones– tampoco duró mucho tiempo en la que era su tercera Presidencia del Gobierno. Al mes de hacerse cargo de la misma, en enero de 1919, suspendió las garantías constitucionales y terminó cesado el 15 de abril de 1919. Ello obligó a convocar nuevas elecciones generales que se celebrarían el 1 de junio de 1919, en medio de una crisis política y económica sin precedentes.

En un ejercicio de historia-ficción podríamos aventurar que si el Congreso Médico se hubiera organizado en Barcelona, en lugar de en Madrid, tal vez no hubiera llegado a celebrarse en abril de 1919. El motivo habrían sido los coletazos de la *"Huelga de La Canadiense"*.

La huelga se inició originalmente en una empresa eléctrica –Riegos y Fuerzas del Ebro– que pertenecía a *Barcelona Traction, Light and Power Company Limited* y que todo el mundo conocía como "La Canadiense" porque su principal accionista era el *Canadian Bank of Commerce of Toronto*. Comenzó a primeros de febrero de 1919 y, poco a poco, fue extendiéndose hasta adquirir dimensiones de huelga general. Duró hasta finales de marzo y paralizó Barcelona y el 70% del conjunto de la industria catalana.

Arriba: Enfrentamientos durante la huelga de la Canadiense
Abajo: Manifestación tras el final de la huelga

Todos sabemos lo que dice el dicho. Por ello, sin pretender establecer ninguna comparación, podríamos afirmar que, al igual que todos tenemos una deuda con personas como *Marie Curie* por los beneficios que sus descubrimientos han reportado al género humano, la sociedad no debería olvidar jamás a todos los hombres y mujeres que con su lucha consiguieron muchas de las mejoras sociales que hoy en día, todavía, disfrutamos. Entre ellas la jornada de ocho horas, gran éxito del movimiento obrero español –dirigido fundamentalmente por la CNT– que convirtió a nuestro país en el primero en el cual se conseguía tan importante conquista social.

Todo esto ocurría en Barcelona pero, afortunadamente, el Congreso Médico se iba a celebrar en Madrid y aunque en la capital de España todavía resonaban los ecos del cese de Romanones, ajenos a ello, los médicos de todo el país empezaban a preparar las maletas para el viaje que les conduciría al sueño de compartir sus conocimientos y experiencias con otros colegas nacionales y extranjeros.

Eso los médicos españoles, porque *Mme. Curie* y su hija *Irène* viajaban, ya, por ferrocarril camino de la frontera española en un cómodo coche-cama. Era el 17 de abril de 1919.

LA IDEA DE UN CONGRESO MÉDICO

Según publicaba "*El Siglo Médico*", en Madrid el 26 de abril de 1919, la idea de celebrar el Primer Congreso Nacional de Medicina fue del electrorradiólogo madrileño Dr. Celedonio Calatayud Costa, a quien podía considerarse el artífice del importante lugar que ocupaba la radiología española en el contexto internacional.

Celedonio Calatayud había asistido en el verano de 1900, siendo aún estudiante, a la Exposición Universal de Paris y allí, en la "*Cité de la Lumière*", coincidió con el I Congreso Internacional de Electrología y Radiología Médicas.

Según comentó en más de una ocasión, fue ese viaje el que despertó su interés por la radiología hasta el punto de dedicar su vida a la Electrología y Radiología Médicas, tras obtener la licenciatura de Medicina.

Al Doctor Calatayud le cabe el honor de ser uno de los pioneros de la radioterapia en España –en 1906– y es considerado, además, el primer médico español que utilizó el radio en la lucha contra algunos tipos de carcinoma.

Unos años después, en 1912, fundaría la Revista Española de Electrología y Radiología Médicas, primera revista española de la especialidad, y en 1914, junto a los Doctores Luis Cirera i Salse y Joaquín Decref i Ruíz, planteó la posibilidad de crear una Sociedad que aunara el conocimiento y las actividades científicas relacionadas con la electrología en España.

Pero pese a la buena acogida que tuvo la idea, no sería hasta febrero de 1917 cuando la Sociedad Española de Electrología y Radiología Médicas viera la luz. Calatayud fue su primer secretario general, ocupando la presidencia Decref.

Celedonio Calatayud no fue un radiólogo a la manera en la que entendemos hoy en día esta profesión. Hijo de su tiempo, fue, al igual que muchos de sus colegas, el reflejo de una especialidad en ciernes que integraba varias disciplinas: radioterapia, electricidad, radiología diagnóstica y rehabilitación.

El Dr. Calatayud planteó la idea del Congreso Médico en una reunión celebrada en el Colegio de Médicos de Madrid y de la que salió la comisión organizadora del mismo que estaba integrada por los Dres.

Márquez, Aguilar, Verdes Montenegro, Goyanes, Marañón, Juarros, Núñez Gurnialdos, Hernando, Peña, Castro, Arias Carvajal y el propio Calatayud (*"El Siglo Médico"* del 26 de abril de 1919).

De esta manera refería el diario *"La Acción"*, el día 20 de abril, la negativa de Don Santiago Ramón y Cajal a presidir el Congreso:

"Desde el primer momento se pensó en nombrar presidente del Congreso al gran histólogo español Ramón y Cajal, gloria de la Medicina patria, pero la Comisión nombrada para ir a ofrecerle el cargo tuvo que desistir después de hacer insuperables esfuerzos para convencer al ilustre médico Cajal, que no quería, de ningún modo, tomar parte activa en las tareas del Congreso porque su estado de salud no se lo permitía, y en vista de su irreductible actitud fue nombrado el sabio Cajal presidente de honor, y presidente efectivo el eminente fisiólogo Gómez Ocaña".

Efectivamente, la participación de Ramón y Cajal en el Primer Congreso Nacional de Medicina sería meramente testimonial. Una de sus escasas participaciones en el mismo, como recogió el diario *El Siglo Futuro* en su edición del día 25 de abril de 1919, consistió en presidir una conferencia en el Instituto Nacional de Higiene Alfonso XIII, el penúltimo día del Congreso.

En una de las primeras reuniones de la comisión organizadora se nombró secretario general del Congreso al insigne odontólogo Dr. Florestán Aguilar, y tesorero del mismo al Dr. Calatayud.

Dicha comisión tuvo claro desde el primer momento que, además de mostrar el estado de la ciencia médica en nuestro país y analizar e intentar resolver los problemas que afectaban sobre todo a los médicos titulares, era importantísimo conseguir la mayor proyección internacional del congreso. Y sin pérdida de tiempo se pusieron "manos a la obra".

Marie Curie fue sin duda la "estrella" de los invitados. Su trayectoria profesional, su tragedia personal, sus Nobel, su condición de mujer científica –*rara avis*- y su denodada lucha contra las enfermedades cancerígenas, por medio de la terapia con radio, la hacían brillar con luz propia.

Pero la laureada investigadora franco-polaca no sería la única personalidad que acudiría al congreso madrileño. De hecho la ciencia francesa estaría magníficamente representada pues, además de *Marie Curie*, asistiría al mismo el *Dr. Émile Roux*, eminente médico, bacteriólogo e inmunólogo que había sido uno de los grandes colaboradores de *Louis Pasteur* y que, en aquel momento, dirigía el *Instituto Pasteur* que él mismo había ayudado a fundar.

Seguramente debido a la proximidad la delegación portuguesa fue la más numerosa entre las extranjeras y estuvo encabezada por el Director General del Servicio Sanitario en el Ministerio del Interior y profesor de la Escuela de Medicina de Lisboa, el *Dr. Ricardo Jorge*.

Hubo también una nutrida representación de médicos de países sudamericanos y varios profesores italianos, ingleses y norteamericanos impartieron, a lo largo del evento, lecciones magistrales ("*El Siglo Médico*" del 26 de abril de 1919).

Marie Curie hacia 1920

Una vez que los invitados extranjeros confirmaron su viaje e iniciaron los trámites administrativos para llevarlo a cabo "sólo faltaba" cerrar el programa general.

Lo que sigue a continuación es un extracto de dicho programa en el que, más allá de las reuniones y conferencias mantenidas en el seno de las diferentes Secciones, he querido destacar los actos, académicos o meramente protocolarios, en los que participó *Marie Curie* en éste su primer viaje a España:

Domingo 20 de abril.- *A las tres de la tarde sesión inaugural en el Teatro Real, bajo la presidencia de S. M. el Rey. Discursos del presidente del Congreso, de los invitados extranjeros, del rector de la Universidad, del alcalde de Madrid y del ministro de Instrucción Pública.*

A continuación, inauguración de la Exposición de Medicina e Higiene en el Palacio de Exposiciones del Retiro por S. M. el Rey.

Por la noche, recepción ofrecida por el Excelentísimo Ayuntamiento de Madrid en el Palacio Municipal.

Lunes 21 de abril.- *Reunión de las secciones. Asamblea de médicos titulares en el Teatro Real.*

A las 10 de la noche, recepción oficial en el Palacio Real ofrecida por S. M. el Rey.

Martes 22 de abril.- *Durante toda la mañana sesiones de demostraciones clínicas y quirúrgicas en diferentes Centros.*

Por la tarde sesión general del Congreso. Conferencias de Marie Curie y del Dr. Vidal, de Paris.

Por la noche, banquete general del Congreso en el Gran Teatro (2.000 cubiertos).

Miércoles 23 de abril.- *Excursión a Toledo en tren especial con salida de la estación del Mediodía a las nueve de la mañana. A las once, llegada a Toledo. Visita a los monumentos. Almuerzo en San Juan de los Reyes. A las seis, regreso.*

Por la noche banquetes de las secciones.

Jueves 24 de abril.- *Mañana y tarde reunión de las secciones.*

A las diez de la noche recepción.

Viernes 25 de abril.- *Por la mañana reunión de las secciones (lectura y discusión de Memorias).*

A las tres de la tarde sesión de clausura del Congreso. Votación de acuerdos. Constitución de la Asociación Nacional Médica Española. Votación del lugar del próximo Congreso. Discurso de clausura.

La Comisión Organizadora había estructurado el Congreso en XVII Secciones, quince de las cuales abarcaban la práctica totalidad de las especialidades médicas y médico-quirúrgicas del momento y dos más estaban dedicadas a la farmacia y a la veterinaria.

Como el lector podrá comprobar, algunos de los nombres de las especialidades resultan cuando menos curiosos si los comparamos con las actuales denominaciones de las distintas disciplinas médicas:

I Anatomía, Fisiología e Histología.

II Higiene, Bacteriología y Parasitología.

III Terapéutica, Materia Médica e Hidrología.

IV Medicina Interna: a) Enfermedades del pecho, b) Enfermedades del aparato digestivo, c) Enfermedades de la nutrición y de la sangre y Endocrinología, d) Neurología.

V Cirugía: a) Cirugía General, b) Ortopedia, Mecanoterapia y Cirugía de accidentes, c) Urología.

VI Obstetricia y Ginecología.

VII Paidopatía, Puericultura, Maternología y Eugénica.

VIII Dermatología y Sifiliografía.

IX Oftalmología.

X Oto-rino-laringología.

XI Electrología y Radiología Médicas.

XII Medicina Legal, Toxicología y Psiquiatría.

XIII Odontología.

XIV Enseñanza médica, Literatura, Bibliografía, Deontología e Intereses Profesionales.

XV Medicina Militar, Naval y Colonial.

XVI Farmacia.

XVII Veterinaria.

Si tenemos en cuenta que era la primera vez que la profesión médica española se reunía en un evento de esta categoría, el número de profesionales inscritos –más de 4.000– y el número de comunicaciones presentadas –más de 700– hablan por sí solos del éxito del mismo.

No es mi intención abusar de los datos pues, por muy importantes que éstos puedan ser, terminan dificultando la fluidez de la lectura pero hay uno que sí me gustaría destacar pues puede aportar más luz, si cabe, a un hecho por todos conocido: el mayor desarrollo que ya existía en Cataluña, y más concretamente en Barcelona, a principios del siglo XX.

Ocho de las 22 secciones y subsecciones estaban presididas por médicos catalanes. Dieciséis de los setenta y un ponentes oficiales que determinó la Comisión (un 22,5%) eran catalanes y tres de ellos fueron, además, presidentes de su sección.

Del total de 763 comunicaciones enviadas al Congreso, 135 (16,7%) lo fueron desde Cataluña y casi el 90% de ellas por médicos, farmacéuticos y veterinarios que residían en Barcelona.

Para redondear estos datos debo decir que no están incluidos en ellos los médicos catalanes que ejercían su actividad asistencial o docente en otras zonas de España (por ejemplo Manuel Serés e Ibars, catedrático de anatomía en Sevilla, o Jesús Bellido y Golferichs, que lo era de fisiología en la Universidad de Zaragoza).

Bien. Con los congresistas e invitados viajando hacia Madrid y las ponencias adscritas a sus correspondientes Secciones, todo estaba listo para comenzar.

LA INAUGURACIÓN

El 20 de abril de 1919, día de la inauguración del Congreso Nacional de Medicina, al menos dos tópicos quedaron en entredicho.

Si siempre se ha asegurado que los españoles dejamos todo para el último momento, nadie que hubiera seguido la crónica de cómo se gestó y organizó este congreso podría decir, "ni por asomo", algo parecido. Ni siquiera fue necesario retocar ni un solo detalle de toda la ornamentación que, para el solemne acto de apertura, se había instalado en el Teatro Real.

Y lo mismo podría decirse del inicio del acto. No hubo retrasos y el acto comenzó con puntualidad británica o, si queremos expresarlo de una manera más castiza, con la puntualidad de una tarde de toros.

El evento, como ya ha quedado dicho, tuvo lugar en un abarrotadísimo Teatro Real que había sido engalanado para la ocasión.

"La espléndida sala del Teatro Real ofrecía un brillantísimo aspecto. Palcos, butacas y galerías estaban totalmente ocupados por distinguida concurrencia.

El escenario aparecía artísticamente decorado con magníficos tapices de la Real Casa, que cubrían el fondo y los laterales.

En el centro, la mesa presidencial; a los lados dos mesas pequeñas, y el resto del escenario ocupado por sillones destinados a las personalidades más sobresalientes e invitados especiales. Completaban el adorno artístico grupos de plantas.

Un zaguanete de Alabarderos, al mando del Coronel Iñigo, daba guardia de honor" (Diario vespertino *La Época* del 20 de abril).

A los acordes de la "Marcha Real" y con los asistentes puestos en pie, a las tres de la tarde, S. M. Alfonso XIII hizo su entrada en la sala por la puerta de butacas, anduvo por el pasillo central los metros que le separaban del escenario y accedió a éste a través de la escalinata que se había situado al efecto.

Momentos después aparecieron en el palco regio, bajo una salva de vivas y aplausos, la Reina Doña Cristina y la Infanta Doña Isabel.

El Rey ocupó la presidencia. A su derecha se situaron el Ministro de la Gobernación, Sr. Goicoechea, en representación del Consejo de Ministros y el Alcalde de Madrid, Sr. Garrido Juaristi. El lado izquierdo de la mesa presidencial fue ocupado por el Presidente del Congreso, el fisiólogo José Gómez Ocaña, y el Rector de la Universidad, el bioquímico José Rodríguez Carracido.

El Comité Organizador y las representaciones extranjeras, entre las que se encontraban *Marie Curie* y su hija *Irène*, se situaron justo detrás.

Tras declarar abierta la sesión, el Rey concedió la palabra al Secretario General del Congreso, Dr. Florestán Aguilar.

El Dr. Aguilar, tras agradecer al Rey el patronazgo ejercido y extender la gratitud a todos aquellos que habían contribuido a la organización del evento, comenzó su alocución dando cuenta de los fines del Congreso –*"una exposición del saber científico, de los progresos del arte y de las aspiraciones profesionales de la Medicina peninsular y una mayor solidaridad y más amplio radio para constituir una gran Asociación de Profesionales de la Medicina española con miras a la previsión"*– y destacando la importancia del evento, tanto por el número de los allí reunidos –4.102 congresistas–, como por el prestigio nacional e internacional alcanzado por muchos de ellos (Revista *España Médica* del 1 de mayo).

Aguilar explicó las razones que influyeron para que el Congreso se aplazara en dos ocasiones a causa de acontecimientos extraordinarios ajenos a la voluntad de los organizadores.

Al Dr. Aguilar le siguió, en el uso de la palabra, el Presidente del Congreso, Dr. Gómez Ocaña quien comenzó saludando a las delegaciones extranjeras –comenzando por la portuguesa, la más numerosa, encabezada por el *Dr. Jorge* y la francesa, en la que *Marie Curie* ocupaba un lugar preeminente– y expresando *"su agradecimiento a cuantos han participado en esta patriótica empresa, y muy especialmente a sus organizadores los doctores Aguilar y Calatayud"* (Diario *El Liberal* del 21 de abril).

Uno de los aspectos más llamativos del discurso del Dr. Gómez Ocaña fue el que hizo referencia "a la poca importancia que los españoles daban a su salud". Así se recogía en *El Siglo Médico* del 26 de abril:

"El problema sanitario carece de opinión en nuestro país. Se desconoce por el proletariado que paga el mayor tributo a las infecciones, y apenas se alude en los programas socialistas, no lo aprecia la burguesía que se afana en los negocios y deja con resignación musulmana que la muerte llegue cuando suena la hora aunque se antici-

pe; no preocupa a la prensa, salvo excepciones, a menos que linde con la tragedia la lesión de la salud pública".

A continuación, el *Dr. Jorge*, en nombre de los médicos portugueses, expresó los sentimientos de simpatía y consideración de sus compañeros e hizo votos por los éxitos comunes de las ciencias de las dos naciones hermanas.

Mme. Curie fue invitada, también, a intervenir. Después de una calurosa acogida, en francés y durante tan sólo cinco minutos, leyó unas cuartillas en las que agradeció la invitación que le había cursado la Comisión Organizadora para asistir al Congreso y aprovechó la presencia del monarca para agradecerle *"la protección dispensada a las familias francesas"* durante la Primera Guerra Mundial y más concretamente la solicitud de indultos y el interés que, éste, había mostrado por la vida de los combatientes y por la situación de los prisioneros.

Hablaron a continuación el Dr. Carracido, en nombre de las Universidades, el Alcalde Sr. Garrido y el Ministro de la Gobernación, Sr. Goicoechea.

Mme. Curie junto a Alfonso XIII en la inauguración del Primer Congreso Nacional de Medicina

Y por fín llegó el turno del Rey.

Cuando cesaron los aplausos, el Monarca, puesto en pie, empezó su alocución saludando a los médicos y agradeciéndoles su sacrificio y altruismo durante la pasada epidemia de gripe. Anticipó que una de sus preocupaciones era dotar a España de una Facultad de Medicina y un Hospital Clínico modelo en el que no sólo se formasen los médicos españoles sino "*que se les pudiera ofrecer, también, a aquellas tierras a las que un día llevamos nuestra civilización*" (Revista *España Médica* del 1 de mayo).

A continuación el Rey se dirigió a los médicos extranjeros:

"*Me complazco en saludar a los ilustres doctores portugueses que saben cuán preferente lugar ocupan sus compatriotas en nuestro corazón de hermanos.*

Y a vos señora, ¿cómo no he agradecerle su presencia en representación de la ciencia francesa? ¿Y cómo no he de agradecer cuanto habéis dicho sobre la obra de España a favor de los prisioneros?

Yo no hice más que cumplir con mi deber: tenía que hacer algo para ahorrar sufrimientos a mis semejantes y realicé lo que estaba en mi mano" (Diario *La Mañana*" del 21 de abril).

Alfonso XIII terminó su discurso con una exhortación:

"*¡Señores congresistas! Trabajad todos con fe y entusiasmo y, cuando regreséis a vuestros hogares, llevad el recuerdo de cuanto aquí se ha dicho, sentid en vuestro pecho los latidos de la esperanza y, sobre todo, sed optimistas. ¡No hay motivos para el pesimismo!*

¡Confiad y trabajad por una España grande y fuerte, como la que desea vuestro Rey" (Diario *La Época* del 20 de abril).

Acto seguido, el Soberano declaró inaugurado el Congreso y seguido de su séquito, y entre nuevas aclamaciones y las notas de la "Marcha Real", abandonó el Teatro Real en dirección al Parque del Retiro para inaugurar la Exposición de Medicina e Higiene.

En el diario *El Liberal* del día 21 de mayo aparecía un artículo firmado por G.M. –iniciales que seguramente corresponden al Doctor Gregorio Marañón, pues es sabido que colaboró con ese periódico– al respecto de la inauguración del Congreso Médico:

"*Pero ha habido un momento lleno de emoción que hará inolvidable este acto: cuando el Rey ha concedido la palabra a Marie Curie y, en nombre de la Universidad de París, se ha levantado de su asiento esta mujer gloriosa, quizá la más alta cima de la ciencia contemporánea, orgullo de Francia, de la raza latina y del mundo entero.*

Delgada y pálida, vestida de negro, sin un solo adorno, tocada de un sombrerillo breve, al ponerse de pie se han oscurecido todos los esplendores del Teatro (...).

Ha hablado cinco minutos tan solo, con una voz delicada y dulce, pero segura, sin una contracción de su rostro, sin más que una leve y amable acción de sus manos, llena de modestia y a la vez de firmeza, como si hablase desde arriba, segura de la única superioridad que todos acatan y que acerca más a sí a los demás hombres.

La emoción con que se la ha escuchado, los aplausos que se le han tributado, han sido bien distintos de los demás. Los médicos de España saben que está entre ellos, que ha salido del reposo de su laboratorio para estar unas horas entre ellos, una mujer sublime, a quien rodea toda la gratitud y la veneración de la humanidad entera".

No sé si, en aquellos días, *Marie Curie* tendría oportunidad de leer el artículo – pues aunque mostrara interés por lo que de ella se escribiera, durante su estancia en España, es lógico pensar que no pudiera leerlo todo– y de haberlo hecho no me atrevería a asegurar que no le habría gustado, pues a nadie disgustan las alabanzas, pero el estilo ampuloso y exageradamente complaciente no encajaba demasiado bien con el carácter sobrio y sencillo de la científica francesa.

Curiosamente, años después, el Dr. Gregorio Marañón y su esposa, Dolores Moya, llegarían a establecer una buena amistad con *Marie Curie*. Para que el lector se haga una idea de dicha relación daremos dos datos: en el segundo de los viajes de la profesora francesa a España, en abril de 1931, ésta y su hija *Ève* pasarían un día en Toledo invitados por el matrimonio Marañón y, en agosto de 1933, *Marie Curie* sería invitada por el matrimonio a la boda de su hija mayor, Carmen, con Alejandro Fernández de Araoz y de la Devesa.

La condición de mujer de la investigadora francesa también fue puesta en valor por quienes, en los diferentes frentes, luchaban por el reconocimiento de la capacidad de la mujer en todos los campos.

Beatriz Galindo, seudónimo con connotaciones históricas tras el que se "escondía" la periodista malagueña Isabel Oyarzábal que, en aquel momento, ostentaba la presidencia de la Asociación Nacional de Mujeres Españolas, firmaba un artículo el día 22 de abril, en el diario *El Sol*, en el que glosaba y honraba la figura de *Marie Curie*:

"Madrid se honra contando entre sus huéspedes, siquiera por breves días, a una de las figuras más notables del mundo científico moderno, a la mujer de mayor significación de nuestra época.

(...) Sería poner en duda la cultura de las lectoras de "El Sol" hacer en este momento una relación detallada de los méritos de Marie Curie.

(...) Marie Curie es el mentís más señalado y rotundo que se puede oponer a la absurda y falaz teoría, que sustentan algunas personas, acerca de la inferioridad mental de la mujer.

(...) Día vendrá, sin embargo, en que desaparezcan todos los obstáculos que se han venido oponiendo en este como en todos los terrenos al reconocimiento de la igualdad mental de los sexos. Entretanto, no faltan hombres, de suficiente grandeza de espíritu, que celebren y estimen como se merecen los éxitos obtenidos por una mujer.

(...) Por nuestra parte, sólo nos resta extender un cordial saludo de bienvenida a la representante oficial de la Francia científica en el Congreso de Medicina de Madrid, a la mujer modesta cuyo único fin es pasar inadvertida y a cuyo enorme talento debe el mundo uno de los grandes descubrimientos de los que puede enorgullecerse la ciencia moderna".

La Comisión Organizadora del Congreso tuvo claro, desde el primer momento, que, en paralelo al desarrollo del mismo, una gran exposición debería mostrar al gran público los logros alcanzados por la industria sanitaria de nuestro país y los últimos adelantos tecnológicos en este ámbito. Y la idea fructificó.

Hay que reconocer que no debió resultar nada fácil coordinar a tantos y tan variados organismos e instituciones como, finalmente, participaron en la muestra –Sanidad Militar, Sanidad de la Armada, Facultad de Medicina de Madrid, Instituto de Medicina Legal, Cruz Roja, Hospitales de San Juan de Dios y del Niño Jesús, Canal de Isabel II, Ayuntamiento de Barcelona, Fábrica de Armas de Toledo y Ayuntamiento de esta capital, entre otros–. Pero se consiguió.

Bajo el nombre de Exposición de Medicina e Higiene, la citada muestra, se instaló en el Parque del Retiro y fue inaugurada por el Rey Alfonso XIII una vez que finalizó el acto en el Teatro Real.

La Acción del día 26 de abril recogía una crónica en la que detallaba los *"curiosos e interesantes aparatos"*, tanto para uso hospitalario como para ser instalados en ambulancias, que se presentaban en la Exposición:

"Sobresale, entre todos, un puesto esterilizador de agua por ozono, accionado por un motor de esencia, formado por dos grupos monta-

dos sobre carruajes, que da un rendimiento de más de cinco mil litros a la hora".

Además de la *"completísima colección de vacunas y sueros inyectables elaborados bajo la competente dirección del personal del Instituto de Higiene Militar"*, destacaba este diario las dos espléndidas instalaciones de radiografía, fija y móvil, construidas en la Fábrica de Armas de Toledo y todo un conjunto de aparatos –motocicletas con portacamillas, camas para tiendas de campaña, camillas plegables, el botiquín para carro *Schneider "y otros muchos modelos que sería larguísimo enumerar"* – diseñados por militares españoles y construidos, la mayor parte de ellos, en los talleres del Parque Central de Sanidad Militar.

Alfonso XIII en la inauguración de la Exposición en el Retiro

Por su parte el corresponsal de *El Día* –el 26 de abril– reconocía que había acudido a la Exposición con cierto escepticismo pero que salió de ella gratamente impresionado. Llamaron especialmente su atención los *"stands"* de la Fábrica de Armas de Toledo, del Instituto de Higiene Militar, del Canal de Isabel II y de los ayuntamientos de Madrid y Barcelona. *"...Se siente uno orgulloso de la organización y el material de que se dispone para la lucha contra la viruela"*.

En el diario vespertino *La Época* del 20 de abril se podía leer una noticia que podía parecer anecdótica pero que venía a demostrar hasta que punto la organización del Congreso cuidó todos los detalles en aras del éxito de la empresa:

"*Durante el acto de la inauguración* (Exposición de Medicina e Higiene) *un biplano tripulado por el aviador Mr. Havillrad evolucionó sobre el Parque* (del Retiro)".

Tras las inauguraciones del Congreso Médico y de la Exposición de Medicina e Higiene, los congresistas, y entre ellos *Marie Curie*, aun tendrían que asistir en esta jornada inaugural a un último acto: el Ayuntamiento de Madrid, con su alcalde el Sr. Garrido Juaristi al frente, ofrecía una recepción, en el Palacio Municipal, a los asistentes al Congreso.

Así fue recogido por el diario *El Sol* al día siguiente, 21 de abril:

"*A las once de la noche la concurrencia de invitados era tan numerosa que materialmente no podía darse un paso por los salones consistoriales.*

Entre los concurrentes se hallaban el señor obispo de Madrid-Alcalá, numerosas señoras, entre ellas muchas extranjeras, e infinidad de médicos franceses y portugueses, ostentando el uniforme gris los militares de esta última nación.

(...) Al presentarse Marie Curie en el salón, la concurrencia le hizo una afectuosa ovación y el alcalde, y los concejales presentes, agasajaron a la distinguida dama que viene al Congreso en representación de la Universidad de París".

Gracias a los diarios de la época conocemos que los asistentes a la recepción pudieron disfrutar de un concierto amenizado por la Banda Municipal. Y, con la ayuda de los mismos periódicos, sabemos que ejecutó las siguientes composiciones: la marcha de las bodas de "El sueño de una noche de verano" de *Mendelsshon*, un fragmento de la suite sinfónica "Scheherezade" de *Rimski-Kórsakov*, el bolero de "Los diamantes de la corona" de Barbieri, un fragmento de la "Octava Sinfonía" de *Beethoven* y una selección del acto primero de "Cádiz" de Chueca y Valverde.

El periódico *El Sol* finalizaba su crónica señalando que "*a las doce de la noche se sirvió a la concurrencia un abundante refrigerio*" y "*que la fiesta duró hasta las primeras horas de la madrugada*".

LA CONFERENCIA DE *MARIE CURIE*

El lunes 21, primer día de Congreso, los participantes se incorporaron a las secciones en las que estaban adscritos y tras las lecturas de las Memorias correspondientes dedicaron, prácticamente, la totalidad del día a la discusión de las mismas.

Dos conferencias –de los doctores *Fano* y *Wright*– completaron la primera jornada académica.

Ese mismo día, por la noche, tuvo lugar en el Palacio Real la recepción ofrecida por el Rey a los asistentes al Congreso.

"La concurrencia fue extraordinaria pues pasaron de dos mil personas los asistentes, entre los que figuraban muchas damas".

Según recogía el diario *El Sol*, el día 22 de abril, poco después de las diez de la noche muchas de las estancias del Palacio que habían sido abiertas a los invitados –saleta, antecámara de S. M., salón del Trono y cámara de *Gasparini*; saleta, antecámara y cámara de Carlos III– estaban completamente abarrotadas por unos congresistas que no paraban de admirar la esplendidez de la mansión regia y los tapices y objetos de arte.

El anfitrión de la fiesta *"salió de sus habitaciones, a las diez y media de la noche e iba acompañado por la Reina doña María Cristina, que vestía un elegante traje de luto; la Infanta doña Isabel, la Princesa Beatriz, el Infante D. Carlos, que había llegado de Villamanrique, y los Príncipes D. Raniero y D. Jenaro"* (Diario *La Época* del 22 de abril).

El Rey vestía uniforme de Lanceros y lucía el Toisón de Oro, el collar de Carlos III y la venera –insignia– de las Órdenes Militares. Acompañado de un séquito formado por unas quince personas, entre los que se encontraban los Jefes de Palacio, los Mayordomos de Semana y algunos Grandes de España, el Monarca pasó a la antecámara donde fue recibido por el Presidente del Consejo, Sr. Maura, y varios Ministros.

A continuación, Alfonso XIII, ya en el Salón del Trono, recibió a las representaciones científicas. Contó para ello con la ayuda del Dr. Gómez Ocaña, presidente del Congreso, quien realizó las oportunas presentaciones.

"El Rey recorrió las estancias acompañado por los doctores Aguilar, Recasens y Gómez Ocaña.

(...) En muchos grupos de señoras y caballeros se hablaba el catalán" (Diario *El Sol*, del 22 de abril).

"El Rey conversó con varios médicos, interesándose por sus trabajos. Entre ellos con el doctor Compaired, quien le explicó los detalles de una trepanación de cráneo que acababa de practicar.

En otro de los salones estaban los médicos de Barcelona, deteniéndose el Monarca a conversar con el Dr. Oliver, de aquella Facultad.

También conversó el Monarca con el doctor Cirera, a quien dijo conocer a su hermano, el padre Cirera (...) y con distintos médicos de Granada, Sevilla, Cádiz, Santiago, Zaragoza, Valencia, Salamanca y otras provincias" (Diario *La Época* del 22 de abril).

El Rey dedicó también algunos minutos a *"conversar con los médicos extranjeros entre los que se encontraban Mme. Curie y los médicos militares portugueses, que vestían uniforme de campaña por haber estado en el frente"* (Diario *La Época* del 22 de abril).

En su Crónica General, la revista *La Ilustración Española y Americana* del día 22 de abril se refería a la recepción dada por el Monarca en los siguientes términos:

"Su Majestad el rey se dignó dar una fiesta en Palacio en honor de los congresistas, siendo la primera celebrada en los regios salones desde que comenzó la guerra. El dolor y el pesar habían puesto sus colgaduras negras en el regio alcázar y en honor a la ciencia han sido quitadas. Nunca mejor ocasión".

En cuanto al tiempo dedicado a las delegaciones extranjeras, la misma revista terminaba la crónica con la siguiente frase: *"Particularmente ha recibido en audiencia a Marie Curie"* (en realidad el nombre de la científica francesa aparecía acentuado en la e final, *Curié*).

Todos los diarios consultados coinciden en que la recepción duró más de una hora y que al final de la misma los invitados pasaron a la galería, adornada con tapices para la ocasión, donde se sirvió un *lunch*. El acto fue amenizado por la banda de Alabarderos.

Es de imaginar que cuando *Marie Curie* y su hija llegaron al hotel pasaban varias horas de la medianoche.

Al día siguiente no había que madrugar, y aunque así hubiera sido no habría supuesto ningún problema para la laboriosa investigadora francesa, pero parece lógico pensar que *Marie Curie* quisiera dedicar algún tiempo a repasar y ultimar la conferencia que leería por la tarde y que, al margen de homenajes y otros actos, era para lo que había sido invitada a Madrid. Había, pues, que descansar.

Marie Curie dictó su conferencia el martes 22 de abril en el anfiteatro del Colegio de San Carlos (antigua Facultad de Medicina y actual sede del Colegio Oficial de Médicos, cerca de Atocha), a las tres de la tarde.

Al acto asistió la Reina Doña Cristina. Su Majestad fue recibida en la puerta de la Facultad de Medicina por el Rector de la Universidad de Madrid, el Decano de la Facultad de Medicina y los miembros de la Comisión Organizadora del Congreso.

Podríamos añadir, como anécdota, que *"las Hermanas de la Caridad del Hospital Clínico también acudieron a recibir y acompañar a la Soberana"* (Diario *El Fígaro* del 23 de abril).

La presentación de *Marie Curie* corrió a cargo del Decano de la Facultad de Medicina, Doctor Recasens, quien comenzó su alocución alabando la presencia de la Reina y de *Madame Curie*:

"Hoy está de fiesta nuestra Facultad porque recibe la visita de nuestra Soberana y porque alberga a una de las eminencias científicas más gloriosas del mundo civilizado" (Diario *El Fígaro* del 23 de abril).

El Dr. Recasens esbozó brevemente el descubrimiento del radio y aseguró que, tras los trabajos de *Henri Becquerel*, no la casualidad sino la labor intensa y sostenida condujeron al matrimonio *Curie* a ese sensacional descubrimiento que revolucionó todas las ideas de la físicoquímica.

A continuación, el Decano cedió la palabra a *Marie Curie* que fue prolongada y cariñosamente ovacionada mientras avanzaba hacia la tribuna de oradores.

Antes de comenzar la conferencia, y con la ayuda de su hija *Irène*, colocó ordenadamente los instrumentos que iba a necesitar durante la misma.

La disertación duró aproximadamente dos horas y si damos crédito a lo expresado por más de un diario, fue pronunciada en un tono de voz tan bajo que la mayor parte del público asistente no llegó a escuchar muchas partes de su exposición.

Sin embargo y curiosamente, según se deduce también de las crónicas periodísticas, la mayor parte de los asistentes no retiraron la vista de la mujer delgada que, ayudada por su hija *Irène*, hacía experimentos, comentaba fotografías proyectadas en una pantalla y mostraba al público un tubo con radio a la par que defendía sus propiedades y exhortaba al mundo a producir grandes cantidades de ese elemento curativo.

Portadas del diario ABC del 21 y 23 de abril de 1919: Inauguración del I Congreso Nacional de Medicina en el Teatro Real (izda). Marie Curie, junto a la Reina María Cristina, tras la conferencia que impartió en la Facultad de Medicina de Madrid (dcha)

Los distintos periódicos y revistas de la época titularon la conferencia como *El radio y sus aplicaciones* e incluso *El radio y sus propiedades*.

A decir verdad, el nombre de la conferencia según se desprende tanto de las notas manuscritas como de las, posteriormente, mecanografiadas que pueden consultarse en la Biblioteca Nacional de Francia fue *Les Radiations des Radioéléments et la technique de leur emploi* (Las Radiaciones de los Radioelementos y la técnica de su empleo).

La mayor parte de los periódicos recogieron la noticia de la conferencia pero sus crónicas se centraron más en los aspectos que rodeaban a la misma – aspecto formal y tono de voz de la conferenciante, admiración mostrada por los asistentes, medios técnicos que utilizó– que en la conferencia en sí.

El Diario *La Acción* del día 22 de abril es una muestra de lo que acabo de expresar:

"Madame Curie comienza a hablar, tan bajo que casi no llega su voz a la mesa donde redactamos estas cuartillas, lo cual dificulta extraordinariamente nuestra labor.

(...) No obstante los asistentes al acto siguen con gran atención la peroración de Madame Curie que, por medio del aparato de proyecciones, presenta unas fotografías curiosísimas de las emanaciones del radio".

Por su parte, *El Imparcial* del día 23 de abril iniciaba la noticia de la conferencia del día anterior de la siguiente manera:

"Madame Curie viste muy sencillamente, con una elegante sencillez que denota en ella la mujer de talento excepcional a la vez que las exquisiteces de un refinado feminismo.

Pero Mme. Curie habla tan suavemente, tan dulcemente que, aun a los que tuvimos la suerte de hallar una butaca cerca de la oradora nos costó gran dificultad el seguirla en su discurso".

Dos excepciones a la superficialidad con la que, a mi modo de ver, fue recogida la noticia en la prensa la constituyen las crónicas ofrecidas por dos diarios de información general en sus ediciones del día 23 de abril: *El Sol* y, sobre todo, *El Fígaro*.

Además, un mes después, el 26 de mayo, el diario *El Sol* publicó un suplemento especial dedicado al I Congreso Nacional de Medicina que, en sus páginas 5, 6 y 7, incluía el texto íntegro de la conferencia dictada por *Madame Curie*.

Marie Curie comenzó su exposición justificando el título de su conferencia en el interés que el radio encerraba como agente terapéutico. Realizó, a continuación, un interesantísimo análisis comparativo entre el fenómeno de la radioactividad y el que tenía lugar en los tubos de *Crookes* cuando se hacía pasar una corriente eléctrica de fuerte intensidad a través del gas enrarecido que había en su interior:

"Los rayos canales del tubo de Crookes son absolutamente comparables a los rayos alfa de las sustancias radiactivas. Los rayos catódicos son iguales a los rayos beta. Estos rayos pueden llamarse corpusculares. Ahora bien, existe una tercera clase de radiaciones que son vibratorias y que en el tubo de Crookes se llaman Rayos X y en los radioelementos reciben el nombre de Rayos gamma".

Explicó seguidamente, con bastante detalle, las características de estos tres tipos de rayos. Se refirió a la escasa penetrabilidad de los alfa, a su escasa velocidad y a su gran poder ionizante; a la mayor penetrabilidad, mayor velocidad y menor poder de ionización de los rayos beta, y al carácter electromagnético de la radiación gamma.

Hizo referencia al distinto comportamiento de los tres tipos de radiación en presencia de un campo magnético: *"los rayos alfa y los rayos beta son desviados en sentidos opuestos mientras que los rayos gamma no sufren desviación".*

Dedicó una parte de la conferencia, con la ayuda de un tubo con radio, a demostrar experimentalmente algunas de las acciones que la radioactividad ejerce: descarga del electroscopio, impresión de placas fotográficas, fluorescencia de las placas de platinocianuro de bario, transformación del oxígeno del aire en ozono o descomposición del agua.

Tras describir los radioelementos –uranio, polonio, radio, actinio, torio y mesotorio– explicó que *"a partir del átomo de radio se verifica una especie de explosión atómica que hace que se pierda una sustancia –la emanación- y, sucesivamente, el átomo va haciéndose más estable hasta transformarse en plomo".*

Explicó con cierto detalle el fenómeno de la emanación, el modo de aislarla y recogerla *"utilizando su técnica de condensación a la temperatura del aire líquido".*

Se refirió también a las familias radiactivas e hizo constar que en un principio se habían descrito varias pero que, en ese momento, sólo se aceptaban la del uranio y la del torio.

No faltó tampoco la referencia al viejo sueño de los alquimistas:

"Asistimos con los radioelementos a una transformación atómica perseguida muchos años por los alquimistas con su famosa piedra filosofal.

Y he aquí que, cuando se logra, es de un modo completamente independiente de nuestra voluntad".

Manifestó que durante cierto tiempo se tuvo la esperanza de encontrar un mineral de radio puro –que no *"estuviera impurificado por el uranio"*– pero que, en ese momento, se sabía que dicho mineral no existía. ¡Desgraciadamente!

Dedicó la última parte de la conferencia al estudio de las aplicaciones del radio y de la radiactividad deteniéndose, con particular atención, en la utilización terapéutica de este elemento basada, según explicó, en la sensibilidad específica que muestran las células enfermas hacia las radiaciones.

El colofón a la conferencia fue la prolongada ovación con la que los asistentes distinguieron a la científica francesa.

Terminado el acto, la Reina Doña Cristina conversó unos minutos con *Marie Curie*. A continuación, la Facultad de Medicina entregó a "la dama del radio" una hermosa cesta de flores, antes de que los fotógrafos tomaran algunas instantáneas del acto.

Marie Curie tras su conferencia en la Facultad de Medicina
(Fot. Alfonso)

Es posible que la crónica más personal sobre la conferencia de *Madame Curie* fuera la firmada por G. M. en *El Liberal* del 23 de abril:

"Al final ha hecho proyectar dos fotografías que ha comentado con la voz por un instante turbada. Representan la fachada y el interior de un pequeño pabellón de madera. Por fuera parece la barraca de una

feria; por dentro, el taller de unos obreros pobres: unas mesas y unos bancos de tablas y unos aparatos mezquinos.

Pues allí han trabajado "ellos" durante los primeros años de lucha, cuando nadie les comprendía ni les ayudaba, cuando sólo los sostenía la fe.

Toda la obra fundamental del radio ha salido de ahí y, ahora, la Directora del soberbio Instituto del Radio nos lo muestra llena de orgullo y emoción para que aprendamos todos, y singularmente los españoles, que la ciencia la hacen los hombres, donde sea, en una buhardilla, cuando tienen el genio investigador y no los laboratorios, por ricos que se construyan y se doten".

A nadie debería extrañar la emoción que pudo sentir *Marie Curie* al proyectar las imágenes del hangar en el que, junto a su marido *Pierre*, había llevado a cabo todo el trabajo de investigación que concluyó con el descubrimiento del polonio y el radio. Fueron, según manifestaron ambos en multitud de ocasiones, los años más duros de su vida pero también los más felices.

Al dolor que siempre acompañó a *Marie* tras la pérdida de su esposo cabría añadir que en las fechas en que se desarrolló el Congreso Médico se cumplía el decimotercer aniversario de la desafortunada muerte de *Pierre Curie.*

"Un detalle que ha pasado inadvertido para muchos es el de que la sabia profesora Mme. Curie llegó a Madrid, para asistir al Congreso de Medicina, el mismo día de cumplirse el decimotercer aniversario de la trágica muerte de su esposo.

Curie, como se recordará, murió en Paris el 19 de abril de 1906 atropellado por un camión en la rue Dauphine. Y a los trece años, el mismo día 19 de abril, su gloriosa compañera venía a honrar a la España científica con su asistencia al Congreso Médico".

A quien no pasó inadvertida esta efeméride fue al diario *El Sol*, que publicaba la nota anterior el día 23 de abril de 1919.

EL VIAJE A TOLEDO

La Conferencia de *Marie Curie* –el acto central de su visita a España– había concluido pero no así el día 22.

Ni para ella ni para los 800 médicos –casi la quinta parte de los congresistas– que asistirían a las 20,30 horas al banquete general del Primer Congreso Nacional de Medicina, que iba a tener lugar en el *Hotel Palace*.

El día 23 de abril, la Conferencia pronunciada por *Mme. Curie* ocupó, como ya hemos tenido oportunidad de comprobar, la mayor parte de la información que los diarios de información general ofrecieron del Congreso. Pero todos, sin exclusión, dedicaron algunas líneas a comentar la cena del *Palace*.

Algunos incluso, como *El Fígaro*, ofrecieron la información con todo lujo de detalles.

"El salón, artísticamente adornado con flores y plantas fue ocupado por numerosos congresistas.

(...) Entre los concurrentes destacaban muchas señoras y señoritas, que daban al acto un ambiente y una significación especialísima".

La "mesa presidencial" estuvo ocupada, entre otros, por *Marie Curie*, su hija *Irène*, el Dr. Gómez Ocaña, el Ministro de Instrucción Pública –Sr. Silió– y los Doctores Aguilar, Juarros, De Sard, Recasens, Cortezo, Pulido, Calatayud y *Dos Santos*.

"La comida fue servida con la esplendidez habitual en el Hotel Palace.

(...) Todos los comensales salieron altamente complacidos del servicio en conjunto".

Finalizada la cena se pronunciaron varios brindis y a continuación toda una serie de discursos.

Intervino en primer lugar el Dr. Aguilar, Secretario del Congreso. A continuación, el Dr. Gil Casares, en nombre de los médicos de provincias, hizo votos para que el Congreso fuera el comienzo de una campaña de reivindicación de la *"sufrida clase médica española"*.

El doctor barcelonés José De Sard, director del Hospital Español de Paris, saludó a los congresistas como *"médico español y como cirujano francés"*. Como español dijo sentirse orgulloso por el progreso y cultura de España y como cirujano francés agradeció el trato dispensado por los médicos españoles, autoridades y público en general, a los congresistas extranjeros que habían asistido a este certamen científico.

Le siguió en el uso de la palabra el Dr. Gómez Ocaña, presidente del Congreso Médico, quien se felicitó del éxito obtenido tanto por la labor científica desarrollada en el mismo *"como por el espíritu de compañerismo y de fraternidad que se ha hecho patente entre los médicos españoles"*.

Gómez Ocaña dedico unas palabras para elogiar la figura de *Madame Curie* de la que dijo *"que ha dado una nota simpática en este Congreso estableciendo una relación íntima, fundada en las ansias de saber, entre los sabios franceses y las clases culturales españolas"*.

Ciertamente emotivo fue el homenaje que Gómez Ocaña dedicó a *Pierre Curie*, así como los halagos que dirigió a la hija de *Pierre* y *Marie Curie –Irène–*, allí presente.

Cerró el acto el Ministro de Instrucción Pública, Sr. Silió, quien tras expresar el apoyo del Gobierno a *"una clase tan culta y patriótica como es la que forman los médicos españoles"* siguió con un discurso cargado de propaganda política:

"Manifestó los deseos que abriga el Gobierno actual para recoger y atender las manifestaciones colectivas de opinión que tiendan de manera directa o indirecta a iniciar, en definitiva, un movimiento en pro de los intereses morales y materiales del país".

Ninguno de los diarios que informaron de la cena en el *Palace* hizo ninguna referencia a que *Marie Curie* tomara la palabra. Habida cuenta del interés que todos los diarios y revistas venían mostrando por la estancia de la científica francesa en la capital de España hemos de entender, por ello, que no intervino en los discursos posteriores a la cena.

Tampoco los periódicos ofrecieron ninguna información sobre los pasos que la investigadora francesa pudo dar el miércoles 23 de abril. Es de suponer que pasó el día en Madrid y todo hace pensar que lo pasaría descansando o preparando el viaje turístico que la esperaba al día siguiente.

Si nos es imposible seguir el itinerario de *Marie Curie* en el tercer día de Congreso no ocurre lo mismo con el Congreso en sí, puesto que de la marcha del mismo encontramos amplia información en todos los diarios de la época, especialmente en los editados en la capital de España.

Por ejemplo de la ponencia presentada por el Doctor Larumbe, en la Sección de Intereses Profesionales, sobre la reciprocidad de los títulos facultativos para el ejercicio de la profesión médica en el extranjero por los doctores españoles.

O información de la conferencia ofrecida por el Doctor Amalio Gimeno en el Colegio de San Carlos, desarrollando el tema *Un capítulo de Medicina Contemporánea.*

No faltó tampoco algún artículo laudatorio sobre la figura de *Marie Curie*, como el de Doña María de Lluria, vicepresidenta de la Unión de Mujeres de España, bajo el título "*Marie Curie* y la Unión de Mujeres de España".

Los párrafos que siguen son un extracto del mismo:

"Su caso demuestra cómo muerto (Pierre Curie) en forma verdaderamente lamentable, ha podido sobrevivirle a su obra. Sin Mme. Curie las investigaciones hubieran quedado donde él las dejó.

Alguno de sus discípulos hubiese quizás podido, partiendo del momento en que Curie dejó su obra, continuarla. Mme. Curie ha hecho más; ha prolongado la existencia de Curie en relación con sus descubrimientos; le ha sustituido a él, ha hecho lo que él hubiera hecho, no con arreglo a impulsos o datos personales, sino con arreglo a los datos que hubiesen impulsado al mismo Curie por igual sendero.

Y esto solo puede hacerlo la mujer". (*El Sol*, del 24 de abril).

El artículo anterior, aún siendo una pretendida alabanza a la figura y al trabajo de *Marie Curie*, viene a demostrar que en su época todo el mundo la situaba siempre, aunque próxima, detrás de su marido. Nadie mostró la osadía de colocarla a su lado o incluso, en algunas investigaciones, por delante de él.

Si el lector recuerda, el programa del Congreso –según publicaba la revista especializada *España Médica* en su número del día 20 de abril– incluía una excursión de día entero a Toledo, prevista para el día 23.

No puedo precisar si se trató de un error de la revista o si la organización del Congreso modificó el programa del mismo pero el viaje a la ciudad imperial no tuvo lugar el miércoles 23 sino el jueves 24. Lo lógico es pensar en un error "tipográfico" porque en los actos que se desarrollaron en Toledo participaron más de ochocientas personas, entre congresistas y autoridades, y la organización de unos "fastos" de esa naturaleza requiere un esfuerzo que no invita a la improvisación y tampoco a cambios de última hora.

No sé si a Vd. le ha ocurrido alguna vez. A mí, desde luego, en más de una ocasión. Me refiero al hecho de haber pensado que algo era muy novedoso, propio de nuestra época, y después haber comprobado que lo mismo o algo similar se venía haciendo "desde tiempos inmemoriales". Es la sensación que se encuentra en el origen de la expresión "todo está inventado".

El Primer Congreso Nacional de Medicina es un ejemplo típico de lo que acabo de comentar.

Personalmente siempre había pensado que las visitas turísticas, las cenas o cualesquiera de los múltiples actos de hermanamiento que salpican los simposios, certámenes, congresos y jornadas que actualmente se organizan eran, más allá de un reclamo para el profesional al que va dirigido, fruto de esta sociedad del ocio en la que tan necesarias resultan, para el trabajo diario, determinadas vías de escape.

Debido a este prejuicio, llamó mucho mi atención que este Congreso, celebrado hace un siglo, utilizara para su organización los mismos principios y los mismos reclamos que se siguen utilizando en la actualidad. Efectivamente, esto, por lo menos, "ya estaba inventado".

El día 25 de abril, al día siguiente de haber tenido lugar, absolutamente todos los periódicos que venían incluyendo crónicas diarias de la marcha del Congreso informaron sobre el desarrollo de la jornada pasada por los congresistas en la ciudad de Toledo.

Según informaron la mayoría de los diarios, desde las ocho de la mañana la estación del Mediodía estaba abarrotada. Allí estaban los 800 congresistas que, en un tren especial que finalmente salió a las nueve y cinco de la mañana y que estaba formado por 24 unidades entre las de primera y segunda clase, se disponían a marchar a Toledo.

Según relataron, era tal la aglomeración de viajeros que hasta las plataformas fueron ocupadas.

Así describía el cronista de *El Fígaro* esos primeros momentos de la mañana:

"La animación fue extraordinaria. Desde bastante antes de la hora anunciada fueron ocupados todos los asientos. Todo estuvo perfectamente organizado. No se registró el más pequeño incidente, ni se echó de menos ningún detalle ni ninguna falta que pudiera deslucir en lo más mínimo la agradable excursión".

Según los diferentes diarios, el tren llegó a la nueva estación de ferrocarril de Toledo, que había sido inaugurada por este motivo, entre las diez cuarenta y las once de la mañana.

En la misma estación, los congresistas fueron recibidos por las autoridades civiles y militares de la ciudad –el alcalde, Sr. Villarreal, un delegado de la Comisaría Regia de Turismo, el Gobernador Militar, Sr. Sedeño, y el Director de la Academia de Infantería– , además de por una nutrida representación de los médicos toledanos.

Madame Curie y su hija *Irène* también se desplazaron a Toledo pero en su caso, para evitarles las molestias del viaje, por deferencia, fueron conducidas en automóvil desde Madrid. ¡Aunque teniendo en cuenta como sería el trazado de las carreteras en aquellos años no sabría decir si fue un gran privilegio!

Desde la estación todos los congresistas fueron conducidos en carruajes hasta la Plaza de Zocodover. Allí *"se distribuyeron por grupos que, acompañados por "cicerones" del Centro de Información del Turismo, recorrieron los principales monumentos artísticos de la ciudad-museo"* (*El Correo Español* del 25 de abril).

El diario *El Sol* es bastante más explícito cuando aborda la reunión en Zocodover:

"En la fachada del reloj había unos carteles, pendientes de las columnas de los soportales, con numeración correlativa a fin de que cada turista se situara en el sitio que le correspondiera, con arreglo al número señalado en su tarjeta. Diez jefes de grupo se encargaron de organizar sus respectivas comitivas. Para los excursionistas extranjeros hubo intérpretes que les facilitaron la visita".

Si tenemos en cuenta que la ciudad de Toledo contaba en aquel momento con aproximadamente 25.000 habitantes, la llegada de casi mil personas, mezclándose entre la gente y paseando por sus rincones más emblemáticos, además de no pasar inadvertida tuvo que suponer una experiencia digna de ser vivida.

Según informó *La Época* el día 25 de abril, *Marie Curie* y su hija *Irène* fueron *"acompañadas en la visita a la ciudad por el gobernador militar, el director del Instituto* (de Toledo) *y los señores de Aguilar".*

Al margen de la visita meramente turística, *Mme. Curie* y su hija *Irène* realizaron una visita a la Fábrica de Armas, institución que, como ya hemos comentado, había contribuido de manera importante a la

Exposición de Medicina e Higiene que se estaba celebrando en Madrid, paralelamente al Congreso Médico.

La Posada del Sevillano, Santa María la Blanca, la Sinagoga (del Tránsito), San Juan de los Reyes, la Casa y Museo del Greco, Santo Tomé, la Puerta del Sol, la Mezquita del Cristo de la Luz, la Catedral, la Posada de la Hermandad, la Portada de los Leones, el Hospital de San Juan y la Puerta de Bisagra fueron los monumentos que los congresistas pudieron admirar.

"La ilustre huésped –en referencia a la investigadora francesa- *dio muestras repetidas de su satisfacción por la agradable excursión, no ocultando su admiración ante la belleza que repetidamente vio y de la que hizo cumplidos elogios"* (Diario *El Día* del 25 de abril).

Algunos congresistas en la Casa del Greco durante la visita a Toledo

Ya comenté una posible errata deslizada en la revista *España Médica*, del día 20 de abril, al informar sobre la fecha en que tendría lugar la excursión a Toledo. Pues bien, en esa misma crónica se indicaba que, a continuación de la visita a los monumentos, el almuerzo tendría lugar en San Juan de los Reyes.

Esto último sí obedeció a un error en la información pues todos los diarios del día 26 de abril consultados – *El Correo Español, El Día, El*

Fígaro, *El Sol*, *La Época*, *El Imparcial* y *La Acción*- situaron el almuerzo, a las dos de la tarde, en la Academia de Infantería –ubicada en aquella época en el Alcázar– y más concretamente en el refectorio de alumnos, adornado elegantemente pero con sobriedad para la ocasión.

"Con objeto de facilitar a los asambleístas la celebración del banquete, en el amplio comedor de verano, los alumnos marcharon al campamento de los Alijares a primera hora de la mañana" (*La Época*, del 25 de abril).

La mesa principal, presidida por un retrato del Rey, estuvo ocupada por *"el general gobernador, que tenía a su derecha a Mme. Curie, el alcalde de Toledo y el doctor Gómez Ocaña, y a su izquierda a la señorita Curie, el coronel director de la Academia Militar y el doctor Aguilar, afortunado director de este Congreso"* (*El Sol* del día 25 de abril).

Los congresistas estuvieron distribuidos en mesas de 12 comensales que, hay que suponer, sería la distribución de un día cualquiera cuando el comedor era utilizado por los alumnos de la Academia.

El Día del 26 de abril añadía en su crónica dos detalles culturales que creo merecen la pena ser mencionados. El primero era gastronómico y se trataba del menú del almuerzo que fue servido:

"Tortilla francesa con espárragos. Ternera con champiñón. Judías verdes salteadas con jamón. Timba de salmón. Salsa Mayonesa. Jamón en dulce.

Entremeses: Salchichón. Embuchado. Butifarrón de lomo. Aceitunas. Variantes. Anchoas y sardinas.

Helados: Mantecado a la vainilla.

Postres: Flan. Naranjas. Plátanos. Queso.

Vinos: Valdepeñas, León tinto y blanco, "Champagne" y coñac.

Licores. Café. Habanos".

Si los congresistas se levantaron de la mesa con "buen sabor de boca" y "los estómagos satisfechos" deberían habérselo agradecido al capitán Don Antonio Márquez que fue quien corrió con la organización del banquete.

El segundo detalle cultural hacía referencia a las piezas musicales que, durante la comida, interpretó la banda de la Academia dirigida por el músico mayor Don Fernando Martínez. La obertura "Las criaturas de Prometeo" de *Beethoven*, la fantasía de "El niño judío" de Luna y el intermezzo de la suite "Goyescas" de Granados fueron tres de ellas.

Antes de descorcharse el *champagne*, la banda interpretó el himno de la Academia y la "Marcha real", entre entusiastas vivas a España, al Rey, al Ejército y a la Ciencia.

El primer brindis lo realizó el Dr. Ocaña y lo hizo con gran entusiasmo por la ciudad de Toledo, por el Arma de Infantería y por *Madame Curie*.

Le siguió en el uso de la palabra el alcalde de Toledo, Sr. Villarreal, quién levantó su copa por el Rey, por el Ejército, por *Madame Curie* y por el Congreso de Medicina.

Brindaron a continuación el Gobernador Militar, general Martín Sedeño, el Director de la Academia, coronel Germán Gil y Yuste, y el Dr. Aguilar y los tres repitieron las fórmulas empleadas por sus predecesores en las que, en todos los casos también, quedo incluida *Madame Curie*.

"Terminada la comida, los congresistas recorrieron detenidamente el Alcázar, solícitamente atendidos por todos los oficiales, presenciando más tarde (en la plaza de Zocodover mientras esperaban los carruajes que les habían de conducir a la estación) *el desfile de los alumnos que venían del campamento donde habían pasado el día.*

Numerosos vivas acompañaron a los futuros oficiales en su marcha hacia la Academia" (*El Día* del 25 de abril).

Alrededor de las seis de la tarde, y en el mismo tren especial en el que habían llegado, los congresistas regresaron a Madrid, ciudad a la que arribaron poco antes de las ocho de la tarde.

Todos los diarios consultados se hicieron eco de la alegría con la que los excursionistas regresaron de Toledo.

Marie Curie y su hija *Irène* regresaron a Madrid de la misma manera en que habían llegado a Toledo: en coche y acompañadas por el Dr. Aguilar y su esposa.

Antes de abandonar la "Ciudad de las Tres Culturas", en dirección Madrid, la ilustre visitante fue obsequiada con un magnífico ramo de flores, regalo de la Academia Militar.

MÁS HOMENAJES

Marie Curie era una mujer de mediana edad y era, además, una mujer fuerte. De no haberlo sido su trabajo con los rayos X, durante la Gran Guerra, y todos los años que dedicó a la investigación con sustancias radiactivas habrían terminado con ella antes de lo que lo hicieron.

No obstante, aunque hubiera superado algunos problemas serios de salud –el más importante en 1911 tras regresar de Estocolmo de recoger el segundo Nobel– y no quisiera reconocérselo a sí misma, la anemia y el cansancio la acompañaban durante largos periodos de tiempo.

Si a su estado "permanente" de debilidad unimos que donde *Marie Curie* se sentía realmente feliz era en su laboratorio ello nos puede ayudar a entender el gran esfuerzo que, muchas veces, tenía que realizar para abandonar Paris.

Marie Curie tenía un carácter fuerte e incluso duro pero, desde luego, no era desagradecida y además se sabía "embajadora del radio".

Por ello, aunque más de una vez hubiera estado tentada de no acudir a muchos de los numerosos actos a los que era invitada –algo que ocurría cada vez con mayor asiduidad– sabía que tenía la obligación de asistir, a algunos de ellos, tanto por deferencia hacia quienes la invitaban como para extender, cuanto fuera posible, la ciencia de la terapia con radio.

Es cierto que, años después, al emprender un viaje sus médicos le hacían prometer que, durante los mismos, reduciría sus apariciones en público al mínimo imprescindible. Pero ese momento todavía no había llegado y, en todo caso, era algo, que casi siempre, terminaba incumpliendo.

He dado todo este circunloquio para expresar que, a pesar del día de asueto en Toledo, los actos y homenajes que rodearon la estancia de *Marie Curie* en Madrid tuvieron que resultarle agotadores, teniendo en cuenta además que el viaje de Paris a Madrid en ferrocarril había durado día y medio y que aún quedaba el viaje de vuelta.

Cansados pero contentos. Así es como habían regresado los congresistas del viaje a la ciudad del Tajo. Y casi sin tiempo para asearse, algunos de ellos aún tenían que asistir a otro acto.

Efectivamente, el Secretario General del Congreso, el Dr. Florestán Aguilar organizaba una fiesta en honor de *Marie Curie* y su hija, y a ella acudieron, también, una treintena de médicos portugueses y españoles –Recasens, Carracido, Marañón, Espina y Capo, Calatayud, Gómez Ocaña y un largo etcétera–.

La recepción tuvo lugar en la elegante residencia del Dr. Don Florestán Aguilar, secretario general del Congreso Nacional de Medicina, situada en la calle de Fernando VI.

"La señora de Don Florestán Aguilar hizo los honores de la casa, agasajando a sus invitados" (*El Sol* del día 25 de abril).

"Los concurrentes admiraron, en los elegantes salones de la casa de la calle Fernando VI, las interesantes obras de arte que la decoran" (*La Época* del día 25 de abril).

Marie e Irène Curie en el té ofrecido por el
Dr. Aguilar a los asistentes al Primer Congreso Médico

A las once de la noche los anfitriones hicieron pasar a los invitados al comedor donde un sexteto y una orquesta de bandurrias amenizaron la fiesta que duró hasta las primeras horas de la madrugada.

Cuando los invitados abandonaron la mansión del Doctor Aguilar tenían todavía un día de Congreso por delante.

Para los venidos de fuera de Madrid comenzaba la cuenta atrás y había que ir pensando en hacer las maletas, sin olvidarse de meter en ellas los regalos o los encargos adquiridos.

¿Por cortesía? ¿Por la extraordinaria labor desarrollada en la organización del Congreso? Fuera por una u otra causa, la realidad es que el viernes 25, último día previsto de Congreso, fue el Dr. Aguilar quién recibió un cálido homenaje.

Tuvo lugar a las dos de la tarde en el *Ideal Retiro*, un establecimiento que en aquellos años estaba de moda y que era una mezcla de café, bar, sala de fiestas y restaurante, y al mismo asistieron más de mil médicos.

Ausente el Dr. González Ocaña, fue el Vicepresidente del Congreso Médico, Dr. Recasens, quien glosó la figura y el bien hacer del Dr. Aguilar. *"Propuso, y la idea fue acogida con grandes aplausos"*, que se hicieran las gestiones oportunas para que, *"en premio a su actividad el Gobierno concediera al doctor Aguilar la Gran Cruz de Alfonso XII"*.

Recasens finalizó su alocución visiblemente emocionado y brindó para que no decayera *"el espíritu de unión entre los médicos españoles, ofreciéndose incondicionalmente para cuantas ideas y proyectos tendieran a ese fin"* (Diario *El Fígaro* del 26 de abril).

Asistentes al banquete en el Ideal Retiro en honor del Dr. Aguilar

Habrá observado el lector que en la crónica de *El Fígaro* no hay ninguna mención a *Marie Curie*. No es que al periodista se le pasara por alto –algo realmente impensable tratándose de la "estrella" del Congreso-. ¡No!, el resto de diarios tampoco recogieron la noticia.

Lo que ocurrió, sencillamente, es que ni ella ni su hija asistieron al homenaje tributado al artífice del Congreso Médico.

Y no lo hicieron porque tenían una poderosa razón para ello: *Marie Curie* se había comprometido previamente con el Doctor Celedonio Calatayud para actuar de "madrina" en el acto de constitución de la Real Sociedad de Electrología y Radiología Médicas (SEREM), precursora de la actual SERAM.

Marie Curie y Celedonio Calatayud habían mantenido una estrecha correspondencia epistolar, con motivo de la invitación de la científica francesa al Congreso Médico, de tal forma que cuando *Marie Curie* llegó a Madrid contaba con bastante información sobre el trabajo y las investigaciones del Dr. Calatayud.

La muestra de radio que *Marie Curie* utilizó en su conferencia, el martes 22, era propiedad de Celedonio Calatayud y, además, la científica francesa había tenido la oportunidad de conocer de primera mano el trabajo de su homólogo español pues al día siguiente, el miércoles 23, había realizado una visita a su Instituto de Radiología Médica.

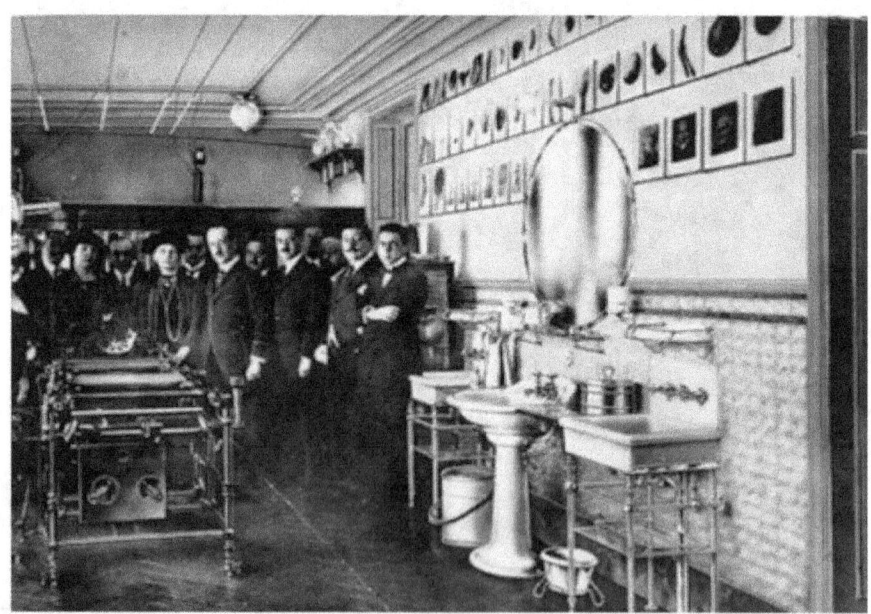

Visita de Marie Curie al Instituto Radiológico del Dr. Calatayud

El acto de constitución de la SEREM tuvo lugar a las seis de la tarde en el salón de actuaciones de la Academia de Medicina.

"Presidió la sesión el doctor Calatayud y a su lado tomaron asiento la señora Curie, su hija, el doctor Cortezo y uno de los secretarios de la Academia. El rector de la Universidad, doctor Rodríguez Carracido, asistió también" (Diario *El Sol*, del 26 de abril).

Nada más comenzar el acto, el Dr. Calatayud ofreció a *Marie Curie* un pergamino con su nombramiento como Presidenta Honoraria de la Sociedad.

Tras ello, *Mme. Curie* ocupó la presidencia y cedió la palabra al Dr. Calatayud quien leyó un trabajo en el que, tras comentar las investigaciones de *Becquerel* y el descubrimiento del radio y del polonio por el matrimonio *Curie*, abordó los aspectos terapéuticos de las emanaciones del radio y de otras sales radiactivas.

Según recogieron muchos de los diarios madrileños, en su reunión constitutiva, los miembros de la Sociedad de Electrología y Radiología Médicas llegaron a las siguientes conclusiones:

"Primera: Denominar Curieterapia a lo que hasta ahora ha venido llamándose radiumterapia, en homenaje a los sabios franceses, sus descubridores.

Segunda: Pedir al Estado que adquiera unos cinco o seis gramos de radio (el gramo de radio vale un millón de pesetas), para que de dicho producto puedan extraerse las dosis terapéuticas necesarias y aplicarlo a los enfermos, aun en el estado de recidiva.

Tercera: Pedir al ministerio de Gobernación que se haga un inventario del radio existente en España para que así se pueda contar en un momento dado con una catalogación completa y exacta" (Diario *El Sol*, del 26 de abril).

Antes de clausurar el acto, *Mme. Curie* dio las gracias por el honroso cargo que se le confería e hizo votos para que la electrorradiología médica española alcanzase una importancia científica cada vez mayor.

La realidad es que la Electrología y Radiología Médicas en España habían alcanzado un gran desarrollo y lo habían hecho de la mano de médicos tan prestigiosos como el valenciano Celedonio Calatayud, los catalanes Agustín Prió, César Comas y Luis Cirera y el madrileño Julian Ratera por citar algunos de los más importantes.

No por casualidad, todos ellos habían presentado ponencias al Primer Congreso Médico Nacional.

Celedonio Calatayud entrega a Marie Curie el nombramiento como socia de honor de la Sociedad Española de Electrología y Radiología Médicas

Finalizada la reunión, los asistentes se dirigieron al *Hotel Ritz* donde tuvo lugar la cena que los miembros de la Real Sociedad Española de Electrología y Radiología Médicas ofrecieron en honor de *Marie Curie*.

En el brindis, como una réplica de lo acontecido por la tarde, el Doctor Calatayud expresó *a Marie Curie* el homenaje de admiración de los médicos españoles, particularmente de los electrorradiólogos, y ella lo agradeció con unas brevísimas palabras en francés.

Podríamos afirmar que la fiesta, para las *Curie*, aún no había terminado pero, si lo hacemos, hemos de expresarlo con cierta cautela.

Efectivamente, *"el vetusto edificio de la plaza de la Provincia se vistió de gran gala con motivo de la recepción que el Ministro de Estado, señor González Hontoria, ofreció a los congresistas extranjeros y la Junta organizadora del Congreso Nacional de Medicina"* (*La Acción* del día 26 de abril).

Este mismo diario informaba que una banda militar había amenizado la fiesta hasta las primeras horas de la madrugada y que había sido servido un *lunch* a los invitados, pero no ofrecía ninguna información sobre la identidad de éstos.

El Día del 26 de abril era un poco más explícito: "*Concurrieron al acto casi todos los extranjeros, franceses, ingleses, americanos y portugueses, que se hallan en Madrid con motivo del Congreso Médico*". Incluso daba cuenta de las piezas musicales interpretadas por la banda militar: el pasodoble "Suspiros de España" de Álvarez, la obertura de "Guillermo Tell" de *Rossini*, la fantasía de la zarzuela "Jugar con fuego" de Barbieri y la Marcha de la ópera "Tannhauser" de Wagner, entre otras.

Parece lógico pensar que tanto *Marie Curie* como su hija *Irène* –las grandes invitadas extranjeras– asistieran a la recepción que el Ministro de Estado ofreció el viernes 25 de abril, a las diez y media de la noche, y ello incluso sabiendo que tendrían que haberse dado mucha prisa para llegar puntuales pues, como hemos visto, tras la constitución de la Real Sociedad de Electrología y Radiología Médicas habían acudido a una cena que ésta había realizado en su honor.

Tan sólo en el diario *La Época*, del día 26 de abril, encontramos referencia a la presencia de la investigadora francesa en dicho evento:

"*Al acto, que resultó muy brillante, asistieron Mm. Curie, los congresistas franceses, ingleses, americanos y portugueses que se encuentran en Madrid, y distinguidas personalidades médicas españolas*".

Repito que resulta impensable que la investigadora francesa no acudiera a la recepción ofrecida a los congresistas extranjeros pero la forma en la que el diario *La Época* enlaza las dos noticias – la cena en el Ritz y el acto en el Ministerio de Estado– hace aumentar, aún más, las dudas respecto a la presencia de *Marie Curie* en el segundo de los actos:

"*La sección de Radiología del Congreso obsequió anoche con un banquete en el Hotel Ritz a madame y mademoiselle Curie*".

"*A las diez y media de la noche se celebró ayer en el Ministerio de Estado la recepción ofrecida a los congresistas extranjeros por el Sr. González Hontoria. Al acto, que resultó muy brillante, asistieron Mme. Curie, los congresistas franceses, ingleses, americanos y portugueses (…)*".

En este capítulo han quedado recogidas algunas de las muestras de reconocimiento recibidas por *Marie Curie* durante su estancia en España, pero no todas ellas lo fueron de organismos oficiales o de instituciones científicas.

A lo largo de las dos semanas que, ella y su hija, pasaron en Madrid fueron innumerables las invitaciones y muestras de amistad que, en forma de tarjeta de visita o carta, recibieron de diferentes personalidades vinculadas al mundo de la cultura, la medicina o la política.

Daremos sólo unos pocos nombres para que el lector pueda hacerse una idea:

José Rodríguez Carracido, Rector de la Universidad de Madrid.

Francisco Castro Pascual, Catedrático y Secretario de la Universidad.

Rafael Altamira y Crevea, Catedrático de la Universidad de Madrid.

Luis Octavio de Toledo, Catedrático de Análisis Matemático de la Universidad Central.

Doctor Sebastián Recasens, Decano de la Facultad de Medicina de Madrid.

Doctor del Campo, Catedrático de la Facultad de Medicina de Sevilla.

Doctor Pedro Farreras, Jefe del Laboratorio Médico-Militar de la 4ª Región (Cataluña) y Secretario de la Revista Española de Medicina y Cirugía.

Doctor Szilard, del Instituto de la Radiactividad.

José Casanova Dalfi, Director de la "Clínica del Radium" de Valencia.

Elisa Soriano Fischer, Doctora en Medicina y Oculista.

Juan Moraleda y Estebán, médico de la Beneficencia Municipal de Toledo.

Ernest Mérimée, Director del Instituto Francés en España.

Emile Dard, consejero de la embajada de Francia.

Conde *Alexandre Dzieduszycki*, Delegado del Comité Nacional polaco para España.

Marqués de González, Ministro de España.

José Casares Gil, Senador del Reino.

María Espinosa, Presidenta de la Asociación Nacional de Mujeres Españolas.

Pero el mayor de los reconocimientos estaba por llegar.

El viernes 25 de abril, el diario de la mañana *ABC* pedía que se distinguiera a *Marie Curie* con la Gran Cruz de Alfonso XII.

La Orden Civil de Alfonso XII había sido creada por Real Decreto y a propuesta del Conde de Romanones, en aquel momento Ministro de Instrucción Pública y Bellas Artes, en el mes de mayo de 1902.

En sus diferentes grados –Gran Cruz, Comendador de Número, Comendador, Caballero y Lazo de Dama– esta distinción nació para premiar los méritos contraídos en los campos de la educación, la ciencia, la cultura, la docencia y la investigación.

Desde 1902 a 1931, año en el que el Gobierno de la República Española eliminó la Orden Civil de Alfonso XII, la condecoración fue recibida por personalidades de la talla de Joaquín Sorolla, Pablo Sarasate, Miguel de Unamuno, Menéndez y Pelayo, Mariano Benlliure, Ramón y Cajal, *Ernest Solvay*, Pérez Galdós, Jacinto Verdaguer, Ramiro de Maeztu, Pau Casals o Jacinto Benavente.

La propuesta de *ABC* fue rápidamente acogida por varios diarios. Por ejemplo, el periódico vespertino *La Acción* recogía así la noticia el mismo día 25 por la tarde:

"Un colega de la mañana pide al Gobierno que conceda a la insigne descubridora del radium, madame Curie, la Gran Cruz de Alfonso XII y lanza la idea de que las insignias le sean regaladas por suscripción entre la clase médica y los admiradores de su talento asombroso.

Estamos conformes con la idea y unimos nuestro ruego al del colega".

Pero no fueron sólo los periódicos. El pleno del Ayuntamiento de Madrid en su sesión ordinaria del mismo día 25, a través de su Teniente de Alcalde José García-Cernuda Estrada-Nora, solicitó para *Marie Curie* la Gran Cruz de Alfonso XII haciendo constar que, si finalmente le era concedida, el Ayuntamiento debería costear las insignias.

Como el lector podrá imaginar, la propuesta fue aprobada por unanimidad.

Ante tanto peticionario, "el Gobierno no pudo negarse" y, efectivamente, el lunes 28, el Ministro de Instrucción Pública informó a los periódicos que el Gobierno había aprobado conceder la Orden de Alfonso XII a la sabia francesa y que la entrega de las insignias a la agraciada sería realizada personalmente por el Rey.

Un indicador del gran nivel científico y académico existente entre los asistentes al Primer Congreso Médico Nacional fue, sin duda, que –además de *Marie Curie*– varios de ellos, también, fueron reconocidos con la Gran Cruz de Alfonso XII.

Entre los mismos podemos destacar al farmacéutico José Rodríguez Carracido, bioquímico y Rector de la Universidad de Madrid; a Jacinto José Goyanes Capdevila, miembro de la Real Academia de Medicina y uno de los componentes de la Junta Organizadora del evento médico, y a Florestán Aguilar, médico odontólogo y, sin lugar a dudas, uno de los artífices del Congreso Médico.

A lo largo de sus carreras profesionales todos ellos hicieron honor al lema de la condecoración que recibieron:

"Altiora Peto", aspira a lo más alto.

Emblema y placa de la Orden Civil de Alfonso XII

CLAUSURA Y CONCLUSIONES

La sesión de clausura del Congreso estaba prevista para las tres de la tarde del viernes 25 de abril. Una vez que se votaran los acuerdos alcanzados se procedería a la constitución de la *Asociación Nacional Médica Española* para, a continuación, pasar a elegir la ciudad en la que habría de celebrarse el próximo Congreso.

Todo ello antes del discurso de clausura.

Ese mismo día, por la mañana, en el seno de las distintas Secciones del Congreso se había procedido a debatir las diferentes Memorias con las conclusiones de cada una de ellas.

A falta de unas horas para la clausura el desarrollo del Congreso podía calificarse de auténtico éxito.

Y aunque finalmente todo se resolvió, hubo un hecho que vino a empañar la brillantez que, hasta ese momento, había marcado la marcha del mismo.

Los médicos titulares –médicos de cabecera– tenían previsto realizar una asamblea en el Teatro Real la mañana del viernes 25 para solicitar, entre otras cosas, ser remunerados por el Estado. Pero, sin previo aviso, la organización del Congreso, decidió suspenderla.

La protesta de los médicos titulares no se hizo esperar. Según publicaba el diario *La Época*, en su edición del día 26 de abril, "*los protestantes (médicos titulares) se reunieron ayer en el Colegio de Médicos, acordando reclamar de la Comisión Organizadora les sean devueltas las cuotas de congresistas y no prestar su concurso a ninguna Federación médica o sanitaria, en cuyo programa no figure, en primer término, el "programa mínimo" de reivindicaciones de los titulares*".

Pero la cosa no quedo ahí. Los médicos titulares llevaron sus reivindicaciones a la clausura del Congreso.

Cuando la sesión acababa de comenzar "*se iniciaron algunas protestas que la intervención de la presidencia no pudo ahogar. En pocos momentos se produjo un verdadero escándalo en el paraninfo de la Universidad, y a tal grado llegó, que, no habiendo manera de entenderse, hubo que suspender la sesión.*

(...) La sesión de clausura se celebrará hoy –por lo menos se intentará celebrarla- en el Teatro Odeón, a las cuatro de la tarde" (*El Fígaro*, del 26 de abril).

El mismo diario publicaba que *"el Comité ejecutivo de la clase médica y la Comisión organizadora del Congreso convocan a los médicos titulares a una reunión, que se celebrará a las once de hoy sábado en el anfiteatro de la Facultad de Medicina, para acordar las conclusiones que ha de votar el Congreso Médico en la sesión de clausura".*

El diario *El Imparcial* informaba el 27 de abril de la reunión conjunta mantenida por los médicos titulares y la Junta organizadora del Congreso:

"Ayer mañana se reunieron en San Carlos los miembros del Comité Ejecutivo de médicos titulares y la Junta Organizadora del Congreso Nacional de Medicina, bajo la presidencia del doctor Pulido.

Los ánimos estaban bastante exaltados pero gracias a la cordura del secretario, doctor Coca, pudo llegarse a un acuerdo.

Se dijo a los congresistas que la falta material de tiempo durante los días que había durado el Congreso era la verdadera causa de que no hubiera podido celebrarse la asamblea de titulares, pero que en el ánimo de la Junta estaba el incluir entre las conclusiones del Congreso las aspiraciones formuladas en la última asamblea de médicos de partido".

Según informaron la mayoría de los periódicos, las explicaciones ofrecidas por la Junta Organizadora satisficieron a los médicos titulares que vieron, de esta forma, reconocidas el conjunto de sus reivindicaciones:

1. Pago de los titulares por el Estado.
2. Que todos los titulares fueran, a su vez, Inspectores de Sanidad en sus distritos.
3. Que la Instrucción de Sanidad se convirtiera en Ley.
4. Que se resolvieran las concesiones de pensión a favor de las viudas y huérfanos de los médicos fallecidos víctimas de la epidemia gripal.

Pues bien, resuelto el conflicto con los médicos titulares, nada impedía, ya, la clausura del Congreso.

Y como se había anunciado, tras el fallido intento del día anterior, la clausura tuvo lugar el sábado día 26 a las 4 de la tarde en el Teatro del Centro (conocido también, en aquella época, como Teatro Odeón y cuya denominación actual es Teatro Calderón).

El acto de clausura estuvo presidido por el Ministro de la Gobernación, Antonio Goicoechea Cosculluela, quien llevaba escasamente diez días en el cargo. En la mesa presidencial estuvo acompañado por los Dres. Carracido, Márquez, Calatayud y Aguilar, y por *Mme. Curie* y su hija, *Irène*.

La primera parte del acto estuvo ocupado por la lectura de las conclusiones generales de cada una de las Secciones del Congreso.

Según publicaba *El Fígaro*, el domingo 27 de abril, dicha lectura fue realizada por el Doctor Salvador Pascual debido a la afonía que presentaba el Secretario General del Congreso, Doctor Florestán Aguilar.

Resultaría muy extenso incluir todas y cada una de las conclusiones que se aprobaron en aquel Primer Congreso Médico, y que aparecieron publicadas en todos los diarios y revistas a los que nos venimos refiriendo desde el comienzo del libro, pero, sí, puede resultar interesante destacar alguna de ellas.

Por extrañas que algunas pudieran parecernos, todas ellas iban dirigidas a mejorar la calidad de vida de la sociedad.

La Sección de Anatomía aprobó que el laboratorio de Fisiología Humana, dirigido por el Doctor Pi Suñer, fuera elevado por el Gobierno de S.M. a la categoría de instituto científico, en forma análoga al Instituto de Medicina Legal y de Radiactividad de la Universidad Central (Diario *La Mañana*, del 27 de abril).

Transmitir al Gobierno de Su Majestad la necesidad de un presupuesto especial de cooperación para la lucha nacional contra la tuberculosis como enfermedad social fue una de las conclusiones aprobadas en la Sección de Enfermedades del pecho (Diario *El Sol*, del 27 de abril).

Los médicos dermatólogos aprobaron en su Sección solicitar la creación de una Liga contra la lepra en España (Diario *El Imparcial*, del 27 de abril).

Los oftalmólogos, agrupados en la Sección IX, aprobaron solicitar a los poderes públicos una disposición que reglamentara la venta de los cristales correctores de los defectos visuales, en el sentido de que los ópticos no pudieran despachar los cristales sin la prescripción del médico oculista (Diario *El Fígaro*, del 27 de abril).

La Sección de Odontología aprobó la creación de la inspección dental escolar y que se exigiera "*a los escolares el certificado de buen estado de sanidad de su boca*" (Diario *La Mañana*, del 27 de abril).

Los farmacéuticos aprobaron solicitar que se prohibieran los "*específicos extranjeros que no llevaran la fórmula de su composición*" (Diario *La Mañana*, del 27 de abril).

Llamativa y de "interés nacional", sin duda, fue una de las conclusiones aprobadas en la Sección de Medicina Militar. Juzguen si no:

"*En tiempo de guerra debe declararse obligatoria la cura radical de la hernia a todos los hombres comprendidos en la edad de permanencia en filas, desapareciendo como causa de inutilidad dicho proceso*" (Diario *El Imparcial*, del 27 de abril).

En algunas Secciones se llegaron a aprobar conclusiones que "se salían" de los límites de las mismas. El siguiente texto fue aprobado en la de Paidopatía (Pediatría):

"*Instituir una Comisión de cultura hispana en todas las localidades pequeñas y en los barrios de las ciudades populosas, con autoridad bastante parar gobernar la educación física intelectual y moral de los niños españoles en defensa de la raza*" (Diario *El Sol*, del 27 de abril).

Algo parecido ocurrió con una proposición del Dr. José Santos Salas, notable cirujano del Ejército de Chile que llegaría a ser Ministro de Higiene en su país, y que fue aprobada por unanimidad:

"*Someto al estudio del Congreso la indicación de hacer extensiva la labor científica de la próxima reunión a los países americanos de habla española para aunar el esfuerzo de las mentalidades de todas las Españas y demostrar al mundo el valor de la reconstitución y unificación espiritual de los dominios en que jamás se pusiera el sol*" (Diario *La Mañana*, del 27 de abril).

En la Sección de Enseñanza Médica se consideró imprescindible modificar los métodos de enseñanza, "*sustituyéndolos por otros que produzcan médicos prácticos para el ejercicio profesional e investigadores para el Laboratorio*" (Diario *El Imparcial*, del 27 de abril).

Los Veterinarios aprobaron en su Sección la obligatoriedad de la colegiación, a partir de ese momento.

En nuestra época estamos muy acostumbrados a los informes periciales emitidos para valorar la capacidad y/o responsabilidad de un acusado, en cualquier tipo de juicio, pero en los primeros años del siglo XX este hecho no era tan habitual.

En esta línea, resulta muy interesante una de las conclusiones a las que llegaron los componentes de la Sección de Medicina Legal:

"Al determinar la responsabilidad penal de un agresor por lesiones debe estudiarse su historia fisiopatológica y, en ella, encontraremos su capacidad para delinquir, el peligro que presenta, sus inclinaciones nativas y otros elementos de su privativa individualidad para graduar las fuerzas del delito por él cometido, y la pena estará en armonía con las condiciones y el estado de su salud habitual" (Diario *El Sol*, del 27 de abril).

La Sección de Electrología, en la que participaron el Dr. Celedonio Calatayud y muchos de los miembros de la recién creada SEREM en cuyo acto fundacional estuvo presente *Marie Curie*, aprobó estas dos conclusiones:

1. Que por el Ministerio de la Gobernación se catalogaran los preparados radiactivos existentes en España, y los que se pudieran obtener, con el fin de evitar que en las publicaciones relativas al empleo terapéutico de la radioactividad se dijera nada que no fuera *"la verdad científica"*.

2. Que por el Estado se adquiriera radio en cantidad suficiente para preparar la medicación condensada que se pueda lograr (Diario *El Sol*, del 27 de abril).

Aunque los médicos titulares habían salido muy satisfechos de la reunión mantenida por la mañana, con representantes de la Junta Organizadora del Congreso, necesitaban que éste incluyera sus propuestas en las conclusiones del mismo. Y así ocurrió.

De esta manera informaba sobre ello el diario *El Sol* del día 27 de abril:

"El Congreso Nacional de Medicina conocedor de las justas aspiraciones de los médicos (titulares) formuladas como "conclusiones" de las asambleas celebradas en enero último, las hace suyas y solicita de los Poderes Públicos:

Primero.- Pago de los titulares por el Estado.

Segundo.- Que todos los titulares sean a su vez Inspectores de Sanidad en sus respectivos distritos.

Tercero.- Que la Instrucción de Sanidad se convierta en Ley, tal como está vigente y en lo que no se oponga a las presentes conclusiones.

Cuarto.- Que se resuelvan sin tramitación dilatoria las concesiones de pensión a favor de las viudas y huérfanos de los médicos fallecidos víctimas de la epidemia gripal y que se hagan efectivos, equitativamente, los emolumentos de los médicos que han prestado asistencia por orden gubernativa en los pueblos epidemiados".

Sesión de clausura del Congreso Nacional de Medicina en el Teatro del Centro

Tras la lectura de las conclusiones aprobadas por las diferentes Secciones del Congreso tuvo lugar el acto de creación de la *Asociación Médica Española*, que nacía como corporación permanente y federación de Colegios y Sociedades de médicos, farmacéuticos, odontólogos y veterinarios de España.

Los fines de la Asociación, según aprobaron, eran el fomento de los intereses científicos, morales y materiales de sus asociados.

Organizativamente estaría dividida en diez secciones, correspondientes a cada uno de los distritos universitarios, que tendrían completa autonomía en su funcionamiento y serían presididas por el Presidente del Colegio de Médicos de la capital del distrito universitario.

Ante la imposibilidad de discutir, en la sesión de clausura del Congreso, los estatutos y reglamentos de la Asociación decidieron que ésta adoptara temporalmente los estatutos de la *Asociación Médica Británica*, la cual contaba con más de treinta años de funcionamiento.

Acordaron que sería la Junta Directiva de la Asociación, constituida por su Presidente y por los Presidentes de las Secciones, la encargada de interpretar aquellos estatutos y de redactar el proyecto de Reglamento definitivo que sería votado en el próximo Congreso de la Asociación.

A este respecto, aprobaron que la Asociación se reuniría en Congresos generales, al menos una vez cada tres años y cada vez en una ciudad distinta (Diario *El Sol* del 27 de abril).

El acto estaba a punto de concluir pero quedaba, todavía, por resolver una cuestión antes de pasar a los discursos de despedida: decidir la ciudad que albergaría el Segundo Congreso Nacional de Medicina.

Había dos propuestas, Valencia y Sevilla, avaladas cada una de ellas por varios médicos.

Varios oradores tomaron la palabra en defensa de una u otra sin que se llegara a un acuerdo –el Dr. Decref, ilustre médico fisioterapeuta, apoyaba la propuesta de Sevilla y el Dr. Calatayud la de Valencia–.

Al no existir un consenso, el Dr. Márquez propuso algo inusual: que fuera la suerte la que decidiera cuál de las dos ciudades había de ser designada para celebrar el próximo Congreso.

Se necesitaba "una mano inocente".

El Dr. Márquez propuso que fuera "*la señorita Curie la encargada de sacar una de las dos papeletas*" contenidas en la urna y el público asistente acogió la propuesta con aplausos (Diario *El Sol*, del 27 de abril).

Curiosamente *El Sol* fue el único diario – ¿tal vez por error?– que atribuyó a *Irène Curie* la autoría de la extracción del nombre de la ciudad en la cual se celebraría el Segundo Congreso Médico. Los diarios *La Mañana*, *El Imparcial*, *El Figaro* y *La Época* indicaron el nombre de *Mme. Curie*.

Fuera la mano de la hija o la de la madre, lo que está confirmado es que fue la mano de una *Curie* la responsable de que el Segundo Congreso Médico Nacional se celebrara en Sevilla.

Ahora sí, sólo quedaban los discursos.

Intervino en primer lugar el Dr. Márquez y lo hizo en nombre del Presidente, Dr. Gómez Ocaña, quien se encontraba enfermo desde el día anterior.

El Dr. Márquez manifestó la gratitud del Presidente a las autoridades *"que tan decidido apoyo habían prestado al certamen"*, a los médicos españoles *"que tan unánimemente habían colaborado al éxito del mismo"*, a los miembros extranjeros, especialmente a los portugueses, *"por haber acudido en tan gran número"*, y a *Mme. Curie "por habernos traído desde más allá de los Pirineos la maravillosa ciencia de su cerebro privilegiado"* (Diario *El Imparcial* del 27 de abril).

Marie Curie también se acercó al estrado y, en francés como en ella era habitual, pronunció unas pocas palabras.

Las primeras para congratularse de que hubieran solucionado de forma tan sencilla una cuestión tan importante, en referencia a la elección de la ciudad que organizaría y cobijaría el próximo Congreso.

Las siguientes para dar las gracias a los congresistas y a todos los españoles por las muestras de afecto y las atenciones recibidas durante su grata estancia en Madrid (Diario *El Sol*, de 27 de abril).

Cerró el acto el Ministro de la Gobernación. Tras los saludos de rigor, el Sr. Goicoechea Cosculluela afirmó que la Sanidad Pública era uno de los objetivos principales del Gobierno y que para ello *"se necesitaba un poder fuerte y centralizado y una ciudadanía robusta"*.

Destacó *"la eficacia de la labor científica del Congreso"* e hizo un llamamiento a la juventud para que tuviera ambición, *"no ambición de vanidad, sino ambición de corazón y cerebro"* (Diario *El Fígaro*, del 27 de abril).

La sesión se levantó a las cinco de la tarde, aproximadamente una hora después de haber dado comienzo.

ANTES DE REGRESAR A PARIS

El viaje de regreso a Paris estaba previsto para el día 1 de mayo. *Marie* e *Irène Curie* regresarían a la capital del Sena de la misma manera como habían llegado a Madrid: por ferrocarril y en coche cama.

Durante los cuatro días que aún permanecieron en Madrid, una vez finalizado el Congreso, madre e hija mantuvieron una ajetreada agenda de visitas y actos protocolarios. De algunos de ellos, podemos encontrar alguna breve reseña en las páginas interiores de varios diarios de la época.

"La Correspondencia de España" del día 28 de abril informaba que el sábado por la mañana –el mismo día de la clausura del Congreso– *Marie Curie* y su hija habían visitado el Instituto de Radiactividad de la Universidad Central.

Es de imaginar que esta visita y la que días antes había realizado al Instituto de Radiología Médica del Dr. Calatayud fueron dos de los momentos más importantes de la estancia de la profesora francesa en Madrid.

A su llegada al Instituto de Radiactividad fueron recibidas por el Director, Sr. Muñoz del Castillo, y demás personal del centro.

"Al atravesar el jardín, los alumnos de Química allí congregados aplaudieron con gran entusiasmo a la eminente descubridora del radio, que agradeció muchísimo estas espontáneas manifestaciones de cariño".

Marie e *Irène Curie* visitaron con gran interés los distintos departamentos del centro deteniéndose en la observación de los distintos aparatos e instalaciones.

"Al abandonar el local todo el personal mostró su profundo agradecimiento a las insignes visitantes por el honor que, con su visita, recibían".

El último acto protocolario tendría lugar el lunes día 28. Ese día *Mme. Curie* volvió a ser recibida por S.M. el Rey, Alfonso XIII, en el Palacio Real.

La científica francesa, que acudió a la recepción acompañada por el Dr. Florestán Aguilar, culminó de esta manera un dilatado programa protocolario que se había iniciado, una semana antes, con la recepción que tuvo lugar en el Ayuntamiento de Madrid.

Aunque no he encontrado ninguna información fidedigna que lo confirme, es posible que, en ese acto, el Rey Alfonso XIII hiciera entrega a *Marie Curie* de la Orden de Alfonso XII, hecho que había sido anunciado esa misma mañana por el propio Ministro de Instrucción Pública.

Alfonso XIII junto a Marie Curie, su hija Irène y Celedonio Calatayud

El martes día 29, *Marie Curie* y su hija *Irène* realizaron una visita a las redacciones de *ABC* y *Blanco y Negro*, diario y revista que pertenecían al mismo grupo editorial y que se encontraban entre los medios de comunicación más importantes de aquellos años.

La portada de *ABC* del día 30 mostraba una fotografía de las dos científicas francesas, que ocupaba toda la página.

En lo que parecía un lujoso y recargado despacho, madre e hija aparecían posando detrás de un escritorio: *Irène* de pie, a la izquierda del observador, y *Marie* sentada con las piernas cruzadas.

Ambas vestían abrigos negros y aparecían, también, tocadas con sombreros negros. La expresión de sus rostros no era alegre –muy seria *Marie* y con un punto de tristeza *Irène*–. De haberlo sido no dejaría de haber sido una novedad.

Era, sencillamente, la expresión con la que una y otra aparecen en, prácticamente, todas las fotografías que les fueron realizadas a lo largo de sus vidas.

Portada de ABC del día 30 de abril de 1919

Comparado con el Instituto del Radio parisino, el Instituto de Radiactividad de la Universidad Central no dejaba de ser un "laboratorio de provincias". Es por ello fácil de entender el honor que debió suponer para los miembros del Instituto madrileño la visita que *Mme. Curie* y su hija realizaron a sus "modestas instalaciones".

Honor por honor. En agradecimiento, el Instituto de Radiactividad nombró a *Marie Curie* Directora Honoraria del Instituto. La firma del nombramiento tuvo lugar el día 10 de julio de 1919 –según informó, en su momento, el diario *La Vanguardia*–.

Si realizáramos una valoración de lo que supuso la primera visita a España de *Marie Curie*, lo primero que tendríamos que destacar es que, a lo largo de la historia, pocos científicos extranjeros –a excepción quizás de *Albert Einstein* en su viaje de 1923– recibieron en nuestro país una acogida tan cordial y un tratamiento mediático tan importante como el que recibió la "dama del radio".

El número de asistentes al Congreso Médico –*recuérdese, más de 4000*–, la calidad científica reconocida de muchos de ellos –*Ramón y Cajal, Gómez Ocaña, Barraquer, Pi y Suñer, Marañón, Prió, Ratera, Cirera, Aguilar, Calatayud, Comas, Decref y un largo etcétera*–, la nutrida representación de congresistas extranjeros –*sobre todo portugueses*– y el nivel de muchas de las ponencias que se presentaron son indicadores suficientemente significativos de la calidad del Primer Congreso Médico Nacional.

Ahora bien, siendo esto así, nadie podrá negar que la presencia de *Marie Curie* en Madrid confirió un plus adicional al espíritu científico y social del Congreso.

Desde luego, algo así es lo que pensaron la mayoría de los columnistas –tanto de diarios de información general como de revistas especializadas– cuando hicieron balance del Congreso, una vez finalizado éste. Todos situaron la conferencia de *Marie Curie* en el epicentro del mismo.

Resulta extremadamente curioso, sin embargo, de que manera, a veces, se intercambian los papeles. Cabría esperar que en un medio no especializado el tratamiento de la noticia fuera más superficial y que el autor de la misma recurriera a florituras para adornarla y llenarla de contenido. En contraposición, en la revista especializada se esperaría más contenido y menos adornos. Pero, no siempre es así.

Los dos ejemplos siguientes, con los que vamos a poner fín al capítulo, expresan de alguna manera lo que acabo de decir. Se trata de *La Vida Marítima* y de *España Médica*.

La Vida Marítima era una "revista de navegación y comercio, marina militar, deportes náuticos, pesquerías e industrias del mar", según indicaba el subtítulo de la misma.

Se trataba del órgano de propaganda de la "*Liga Marítima Española*", verdadero grupo de presión de los industriales navieros tras el colapso de la guerra de independencia cubana durante las primeras décadas del siglo veinte.

Posteriormente, sería también portavoz oficial de las asociaciones de navieros y constructores navales, pesca marítima y de la Federación de Clubs Náuticos.

España Médica fue fundada y dirigida por el ilustre pediatra José Ignacio de Eleizegui López, que fue también redactor médico de *Heraldo de Madrid* y era considerado el renovador del periodismo médico moderno español. Se trataba de una revista de información científica y profesional e incluía, también, un consultorio y artículos de carácter literario –como la sección *"Cuentos Médicos"*–.

En sus páginas tenían cabida las visitas de destacados médicos extranjeros a España, la elección de médicos para cargos públicos, la intervención de estos en epidemias o conflictos armados o la incorporación de la mujer a la práctica médica, por poner algunos ejemplos.

De esta manera se expresaba la revista *La Vida Marítima*, del día 30 de abril, al resumir lo que había significado la presencia en Madrid de *Marie Curie*, siempre tomando como referencia la conferencia pronunciada el martes día 22:

"El interés que como agente terapéutico encierra el radio ha adquirido mayor relieve en nuestro país desde que, con motivo del Congreso Nacional de Medicina, se ha escuchado a la noble Madame Curie su admirable conferencia relacionada con sus trabajos y los de su digno y malogrado esposo acerca del descubrimiento de dicho cuerpo.

El mecanismo de la radiación, sencillamente expuesto por la ilustre dama, causó entre su escogido auditorio un efecto sensacional. A partir del átomo de radio se verifica una especie de explosión atómica que hace que se pierda una sustancia (la emanación) y sucesivamente el átomo va haciéndose cada vez más estable.

(...) Según Madame Curie, la utilización terapéutica del radio y de la radioactividad es fecunda en resultados prodigiosos y se funda en la sensibilidad selectiva que tienen las células enfermas para las radiaciones".

Y de esta otra forma, como si hubieran intercambiado los papeles, lo hacía la revista especializada *"España Médica"*, en la edición del 1 de mayo:

"Acabamos de oírla. Modesta, sencilla. María Sklodowska produce una emoción intensa, un religioso respeto, como el de una imagen venerada por milagrosa.

(...) En la penumbra del anfiteatro de San Carlos destacaba su humilde figura por el nimbo del brillo inmortal que la circundaba, y al dirigir a ella la mirada lo hacíamos con el respeto que impone el genio y la pleitesía que exige la mujer predilecta, cuyos cincuenta años de existencia ocupa y llena el amor; el amor a su esposo, que un día le lleva a compartir con él las arideces de la vida experimental, y cuando la desgracia le arrebata al compañero, el amor le impone seguir su obra para que no se extinga su gloria.

Es una lección de altos vuelos, como las que en la Sorbona le escuchan los sabios extranjeros que vienen a aprender de ella.

(...) Durante dos horas sostuvo la atención del auditorio explicando todos los fenómenos de la radiactividad y las características de sus emanaciones, las leyes que las rigen y los puntos oscuros que aún ofrecen, y en los cuales sigue trabajando Madame Curie con el mismo ardor y juveniles entusiasmos que allá por los años 96 y 98, los cuales transmitió hoy al público con su palabra sobria, oportuna, precisa, su cultura inmensa y su modestia ejemplar.

(...) Madame Curie ha dado la nota culminante del Congreso. En ella triunfa un maridaje feliz: la ciencia y el feminismo".

El día 1 de mayo de 1919, Marie Curie y su hija dejaron Madrid.

Tras dos semanas en nuestro país, asistiendo a multitud de actos de todo tipo, es de suponer que habrían acumulado cierto cansancio. Es de suponer, también, que los halagos y las muestras de cariño recibidas durante la estancia habrían mitigado, aunque sólo fuera en parte, algo del mismo.

Tenían un largo viaje por delante pero todo había sido dispuesto para que, en la medida de lo posible, se llevara a cabo de la mejor de las maneras.

Efectivamente, el Embajador de la República Francesa en España –M. Alapetite–, el día 28 de abril, había cursado un escrito "a las Autoridades civiles y militares francesas" en el que comunicaba que *Madame et Mademoiselle Curie* regresaban a Francia tras haber asistido al Congreso Español de Medicina y que "agradecería a dichas Autoridades" que facilitaran el paso de la frontera y el viaje a través de Francia.

Es de suponer que así se hizo pues, en aquel momento, *Madame Marie Curie* era ya uno de los símbolos de la República Francesa.

SEGUNDO VIAJE.- ABRIL DE 1931

Huésped de honor de la República

LOS PROLEGÓMENOS DEL VIAJE

Si a finales de 1917 había sido el Dr. Florestán Aguilar la persona encargada de cursar la invitación para, el que habría de ser, el primer viaje de *Marie Curie* a nuestro país, en junio de 1930 este honor le correspondió al eminente físico canario Blas Cabrera.

En principio, la invitación a la insigne científica francesa consistía en una semana de estancia en Madrid, en abril o mayo de 1931, durante la cual se le ofrecía la posibilidad de impartir tres conferencias, dos de ellas de carácter general y una tercera, más especializada, en la Universidad.

Recibida la invitación, *Marie Curie* dispuso de todo el verano para pensárselo pues Blas Cabrera indicaba, en la primera de las cartas, que esperaba la respuesta en Bruselas, en el mes de octubre.

Si alguien se pregunta ¿por qué en Bruselas? y no por carta o telegrama, como parecería lógico, la respuesta es muy simple: *Marie Curie* y Blas Cabrera iban a participar en octubre de 1930, en Bruselas, en la que sería la *Sexta Conferencia Solvay de Física*.

La primera de estas conferencias se celebró en 1911, en el Hotel Metropole de Bruselas entre los días 29 de octubre y 4 de noviembre, bajo el auspicio del *Instituto Solvay* creado gracias al mecenazgo ejercido por el empresario y político belga *Ernest Solvay*, y desde entonces hasta el momento actual han tenido lugar 27 Conferencias de Física y 24 Conferencias de Química.

La más famosa de las Conferencias *Solvay* fue, sin duda, la que tuvo lugar en 1927. Bajo el tema principal "*electrones y fotones*" se reunieron en Bruselas un total de 29 asistentes. De ellos, 17 habían recibido, o recibirían años más tarde, el Premio Nobel de Física o Química. Y, entre todos ellos, *Marie Curie* que lo había ganado en dos ocasiones, como ya sabemos: el de Física en 1903 y el de Química en 1911.

Efectivamente, *Marie Curie* y Blas Cabrera coincidieron en Bruselas, en octubre de 1930, en la Sexta Conferencia *Solvay*. En aquella ocasión, el tema central fue "*el magnetismo*" y la reunión tuvo lugar bajo la presidencia de *Paul Langevin*. Entre los asistentes se encontraban *Otto Stern, Paul Dirac, Wolfgang Pauli, Enrico Fermi, Werner*

Heisenberg, Albert Einstein, Niels Böhr y *Owen Willans Richardson*, por citar a algunos de los más conocidos.

Este evento fue especialmente relevante para la física española pues era la primera vez que un español –Blas Cabrera y Felipe– era invitado a uno de estos congresos. Y a ello habría que añadir la importancia que, para la física española y en general para la ciencia española, tuvo la respuesta afirmativa ofrecida por la investigadora francesa a Blas Cabrera en relación a la propuesta que le había realizado cuatro meses antes.

No obstante, es posible que *Marie Curie* hubiera confirmado su visita, además, por carta o telegrama pues el 7 de febrero de 1931 Blas Cabrera, bajo el membrete del Instituto Nacional de Física y Química situado en el número 105 de la Calle Serrano, escribía lo siguiente:

"Mad. P. Curie

Estimada Señora:

La confirmación de su próxima visita a Madrid ha sido para mí un gran placer y estoy seguro de que usted misma encontrará su estancia entre nosotros lo suficientemente agradable como para verse compensada por las molestias del viaje. Quiero decirle que lo organizaremos todo de forma que ello le produzca la menor fatiga.

Sus conferencias pueden reducirse a dos: una, de divulgación, pronunciada en la "Sociedad de Conferencias" y otra, más seria, para la cual usted será invitada por la Universidad.

Aplaudo su deseo de ir a Granada, una de nuestras ciudades más típicas y llena de recuerdos, pero sería conveniente que me advirtiera si desearía viajar de incógnito.

Creo haberla comunicado que la "Sociedad de Conferencias" contribuye a los costos del viaje y estancia de sus invitados con 1500 pesetas, cantidad a la cual hay que añadir 1000 pesetas de la Universidad. ¿Querrá usted decirme si debo buscar un hotel confortable y tranquilo?

La fecha que usted señaló es perfecta para todos, excepción hecha de mi mismo puesto que estoy obligado de volver a Paris, el 10 de abril, a causa de la reunión del "Comité Internacional de Pesos y Medidas" convocado por M. Volterre.

No estaré libre para regresar hasta el 20 de abril, fecha que tal vez sea demasiado avanzada para usted. Si no fuera así, yo podría acompañarla en el viaje y usted evitaría un cierto número de problemas.

Es costumbre de la "Sociedad de Conferencias" avanzar un programa por lo cual le ruego me envíe el título de su conferencia seguido de un resumen de una docena de líneas.

Si necesita cualquier otra información no dude en pedírmela. En espera de ello, quiero mostrarle, querida Señora, mi consideración personal y los saludos respetuosos de mi esposa".

Blas Cabrera Felipe

Con posterioridad a esta carta debió surgir algún pequeño problema, motivado por el viaje que *Marie Curie* tenía previsto realizar a EEUU y que finalmente no se produjo, que obligaba a retrasar o posponer el viaje de la profesora francesa a la capital de España. Eso es, por lo menos, lo que parece deducirse de la carta que, escrita a máquina, *Marie Curie* dirigió a Blas Cabrera el 26 de febrero de 1931:

"*Estimado Señor,*

Esta carta es la continuación al telegrama que le he enviado esta mañana en respuesta al que usted me había cursado.

Diversas complicaciones ocurridas en mi laboratorio me han obligado a posponer el viaje a EE.UU. del que le había hablado en nuestra última entrevista. Eso me permite considerar la posibilidad de pasar algunos días en España en el mes de abril pero, eso sí, sólo puedo hacerlo evitando un exceso de cansancio pues recientemente he sufrido algunas recaídas. Sólo podría aceptar un programa muy limitado, tanto en lo que respecta a conferencias como a recepciones y no será posible preparar los experimentos por lo que podría proyectar diapositivas.

No deseando viajar sola, estaré acompañada de mi hija, Señorita Ève Curie. Mi deseo sería pasar por Granada después de haber dejado Madrid (o podría ser antes). Para dejar Paris, la fecha del 11 de abril me iría bastante bien.

Le estaría muy agradecida que me dijera si, con un programa tan restringido, mi visita a España les sigue interesando. De ser así, indíquenme todos los detalles útiles, tanto en lo que concierne al programa como lo concerniente a los medios a adoptar para el viaje y la estancia en Madrid.

Estimado Señor, reciban, Usted y la Señora Cabrera, mis saludos afectuosos".

Ni Blas Cabrera ni la ciencia española podían renunciar a tan honorable visita, incluso si ésta tenía lugar con algunas restricciones respecto al plan original.

Por esa razón, a primeros del mes de marzo, el científico canario, que tan grandes aportaciones había realizado en el campo del magnetismo, escribió de nuevo a *Marie Curie* para ultimar el viaje y ponerse a disposición de ella para lo que precisara.

De esta manera se expresaba la investigadora francesa en su respuesta, fechada el 11 de marzo de 1931:

"Estimado Señor,

Recibí su carta del 7 de marzo y pienso que, si debe regresar de Paris a Madrid el día 20 de abril, lo mejor es que nosotras, mi hija y yo, partamos con Usted. Me alegro especialmente de estar en Madrid a la vez que Usted y me resultará muy agradable hacer el viaje junto a Usted. Desearía, sobre todo, que se tuviera en cuenta esta fecha pues me resultaría difícil retrasar mi partida.

Pensamos dedicar aproximadamente diez días a nuestro viaje a España, lo que nos permitirá, después de haber disfrutado de Madrid, viajar a Granada y puede que visitar alguna otra ciudad.

En lo que concierne a la "Sociedad de Conferencias", necesitaría saber si se espera que hable del descubrimiento del Radium o bien, porque esta cuestión sea suficientemente conocida, dar una conferencia de divulgación sobre el estado actual de la Radioactividad. Podría ser interesante, también, hablar de la organización y de los trabajos del "Instituto del Radio" de Paris.

Una vez que usted me haya transmitido esta información, le enviaré el título y el resumen. Me sería, también, útil saber si tienen algunas preferencias en lo relativo al tema de la conferencia que daré en la Universidad.

Puesto que Usted estará en Paris del 10 al 20 de abril, espero que pueda venir un día a cenar o comer con nosotras, y que la Señora Cabrera le acompañe, en el caso de que se encuentre en Paris con Usted.

Le estaría muy agradecido si eligiera para nosotras un hotel confortable y tranquilo. No es necesario elegirlo entre los de lujo. En este punto nosotras confiamos en su criterio.

Respecto a nuestro viaje a Granada, no desearía darle un carácter oficial y, por ello, estaría bien que la noticia no se conociera de antemano.

Reciban, Usted y la Señora Cabrera, el testimonio de mis mejores sentimientos".

Cuatro días después, el 15 de marzo de 1931, con la clara caligrafía que caracterizaba todos sus escritos, Blas Cabrera contestó a Marie Curie:

"*Estimada Señora:*

Acabo de recibir su carta del 11 de marzo por la cual he conocido, con gran alegría, su decisión de posponer su viaje para realizarlo al mismo tiempo que yo. Espero que el 20 de abril hayan finalizado, ya, las sesiones del Comité, pero si esta fecha les conviene podemos fijarla para entonces.

La "Sociedad de Conferencias" está integrada, sobre todo, por personas del gran mundo con la cultura normal en estos medios. Consecuentemente, se las puede contar temas bastante variados a condición de no detenerse en los detalles técnicos.

El descubrimiento del Radium o el estado actual de la Radioactividad pueden ser temas muy sugerentes, entre los cuales Usted puede elegir.

De igual manera, tiene la misma libertad para fijar el tema a tratar en la Universidad. Pienso, no obstante, que lo más interesante sería la exposición de cualquier problema que a Usted preocupe actualmente.

Le comunicaré mi llegada a Paris y podremos continuar organizando el viaje.

Hasta ese momento, quiero mostrarle la expresión de mis mejores sentimientos así como el homenaje de mi esposa a la que Usted encontrará en Madrid, puesto que ella no irá esta vez conmigo".

La respuesta de *Marie Curie* se produjo pocos días después, el 21 de marzo, y así como Blas Cabrera utilizaba siempre, en sus cartas, papel timbrado del Instituto Nacional de Física y Química, la física francesa dirigía su correspondencia al domicilio del Dr. Cabrera situado en el número 1 de la calle Martínez Campos de Madrid:

"Estimado Señor,

Le envió los títulos de las Conferencias y el resumen que me había pedido para una de ellas.

Me agradaría tener noticias de usted cuando llegue a Paris para pedirle algunos consejos al respecto del viaje.

Le comunico, en otro orden de cosas que he recibido una carta del Dr. Luis Ayestarán, Presiente de una Sección de la Liga contra el Cáncer de San Sebastián, para solicitarme una Conferencia. No habiendo comprendido muy bien todos los términos de su carta, y estando a punto de partir de viaje, preferiría no responderle hasta mi regreso a Paris, hacia el 8 de abril. Le quedaría muy agradecida si Usted pudiera informar al Dr. Luis Ayestarán que no podré dar otras Conferencias que aquellas que a Usted he prometido.

Reciba, Estimado Señor, la seguridad de mis mejores sentimientos".

La carta indicaba, a continuación, el título de la primera de las conferencias –*La Radioactividad y la evolución de la Ciencia*– y un resumen de la misma:

"El descubrimiento de la Radioactividad y de los radioelementos de gran potencia, tales como el Radio, ha jugado un papel fundamental en la evolución científica moderna.

El estudio de las radiaciones emitidas por los radioelementos ha conducido a profundizar en la estructura del átomo y a asimilar éste a un sistema planetario compuesto de un núcleo central con carga positiva y de un cierto número de electrones situados en el exterior.

El estudio de las propiedades químicas de los radioelementos y de sus transformaciones atómicas ha abierto una primera vía para descubrir el fenómeno de isotopía, que consiste en que elementos químicos, de masas diferentes, pueden tener propiedades químicas muy próximas para ocupar un único y mismo lugar en la clasificación periódica de los elementos.

Se han podido adquirir algunas nociones sobre la estructura del núcleo atómico. Las transformaciones radioactivas dan el primer ejemplo de elementos químicos inestables.

Las radiaciones de gran energía emitidas por estos elementos han permitido también realizar la desintegración atómica de ciertos elementos ligeros.

Los radioelementos están extendidos en la naturaleza en un estado de gran dilución. Intervienen, sin embargo, en el régimen térmico de la tierra y probablemente en el del sol y otros astros. Juegan igualmente un papel importante en el estado eléctrico de la atmósfera y en los fenómenos meteorológicos. Su presencia en ciertos minerales permite determinar la edad de estos últimos por la cantidad de plomo que ha podido formarse en virtud de las transformaciones radioactivas. Es probable, también, que estos elementos puedan intervenir en la evolución biológica sobre la tierra".

La misiva finalizaba con el título de la que sería la segunda de las conferencias: *Las relaciones entre los rayos α, β y γ de los cuerpos radiactivos.* De la misma no figuraba resumen.

Los ecos de la segunda visita que *Marie Curie* iba a realizar a nuestro país traspasaron rápidamente las fronteras de la capital de España y fueron muchas las personas e instituciones que, por diversos medios y desde distintos puntos de la geografía española, cursaron invitaciones a la dama francesa para ofrecer conferencias o, sencillamente, recibir homenajes.

Dos de estos ofrecimientos vinieron de la ciudad de San Sebastián. Del primero de ellos ya tenemos conocimiento pues *Marie Curie* lo comentaba en una de las cartas al físico Blas Cabrera.

En un estilo exageradamente ampuloso el Dr. Luis Ayestarán, el 14 de marzo de 1931, escribía a *Marie Curie* que "*por amigos de la Residencia de Estudiantes de Madrid y por los periódicos de la Corte*" se había enterado del viaje que iba a realizar a España. Ello le había llevado "*a dirigirme a Vd. con el ruego de que, bien al ir a Madrid o a su regreso, se detenga en San Sebastián para honrar nuestra tribuna con una de sus sabias disertaciones*".

Tras presentarse como Presidente del Ateneo Guipuzcoano y de la Junta Local de la Liga contra el Cáncer, el Dr. Ayestarán ponía en conocimiento de *Mme. Curie* que, en esos momentos, esperaba respuesta a una solicitud dirigida a la Caja de Ahorros Provincial solicitando "*auxilio económico para la implantación de la Curieterapia*".

Por esa razón, continuaba el doctor guipuzcoano, "*aparte del prestigio cultural que con su colaboración habría de obtener el Ateneo Guipuzcoano, su presencia en nuestra ciudad serviría para acelerar la resolución definitiva del problema en toda su grandiosa magnitud*".

Y finalizaba la carta confiando en que "*Vd., tan decidida protectora de cuanto significa adelanto y progreso, habrá de aceptar nuestra invitación, por cuyo favor me complazco en anticiparle nuestra más rendida gratitud*".

La segunda de las invitaciones recibidas desde tierras vascas lo fue del Presidente del Comité de Reconciliación Franco-Español, Dr. Carlos Vic. Pedía a la científica francesa que aceptara detenerse en San Sebastián para dirigir algunas palabras a los estudiantes reunidos en el Círculo Francés.

Pero San Sebastián no pudo disfrutar de la presencia de la afamada profesora. Como aclaraba en la carta fechada el 21 de marzo, en su segunda visita a España, *Marie Curie* sólo daría las dos conferencias que había concertado con el físico canario.

Barcelona es otro de los lugares del que existen datos documentados del interés de la ciudad por homenajear a la dama francesa. Se conservan los telegramas en los que la Colonia Francesa en Barcelona y el Ateneo de la Ciudad Condal expresan su deseo de rendirle "un respetuoso homenaje a su paso por la capital catalana" de regreso a Paris.

Pero no sólo testimonios de homenaje. *Marie Curie* recibió, al menos, un telegrama –en Granada, cuando llevaba ya diez días en España– en el que el Club Layetana solicitaba de la ilustre visitante que accediera a dar una conferencia en Barcelona antes de regresar a Paris. También, a esta institución, la respuesta fue negativa.

A falta de menos de veinte días para el viaje, en Madrid se ultimaban los detalles para recibir a la ilustre visitante y a su hija, y en Paris madre e hija esperaban a que el Ministerio de Asuntos Exteriores francés "estampara" sobre sus pasaportes la visa diplomática que *Marie Curie* les había solicitado en carta fechada el día 2 de abril.

Faltaban pocos días para que la eminente profesora y su hija llegaran a la capital del Reino de España pero, ¡cosas del destino!, lo harían a la capital de la República Española.

ESPAÑA EN 1931

Con la cautela propia que requiere cualquier análisis histórico, no resultaría exagerado decir que el 14 de abril de 1931 –fecha oficial de la proclamación de la Segunda República y a pesar de que a Juan Bautista Aznar, presidente del Consejo de Ministros, se le atribuye la frase de que "el día 12 España se había acostado monárquica y levantado republicana"– España ni había dejado de ser monárquica ni de la noche a la mañana se había convertido al republicanismo.

No, lo que había ocurrido es que la Corona se había instalado en un punto de no retorno.

Alfonso XIII había nacido Rey, debido a la muerte de su padre cinco meses antes de su nacimiento, pero no fue hasta 1902 cuando, tras cumplir 16 años, juró la Constitución de 1876 y comenzó su reinado efectivo.

Recuerdo haber leído, en algún sitio, que *este monarca llegó con el siglo XX, como esperanza de modernidad, y acabaría marchándose instalado en el siglo XIX*" y apoyado exclusivamente por la aristocracia, la iglesia y los sectores más "rancios" y conservadores del ejército.

El periodo que abarca desde 1902 hasta 1923 suele ser considerada la etapa constitucional de su reinado, es decir el periodo en el que Alfonso XIII se atuvo al papel que le confería la Constitución que había jurado. Y eso que no puede decirse que ejerciera un papel simbólico pues, en ocasiones, intervino de forma activa en la vida política, especialmente en temas militares –debido a los amplios poderes que la Constitución otorgaba al monarca–.

Durante estos veinte años conservadores y liberales se fueron alternando en el Gobierno de la nación, sin que unos u otros fueran capaces de hacer frente a una conflictividad social que iba en aumento.

La neutralidad de España en la Primera Guerra Mundial había tenido importantes consecuencias económicas y sociales pues había supuesto un impulso importante para la modernización del país iniciada a comienzos de siglo. Pero en ese impulso modernizador no todos obtuvieron las mismas recompensas.

La clase trabajadora vio crecer la inflación sin que sus salarios lo hicieran al mismo ritmo y el descontento social fue en aumento, hasta el punto de que la huelga se convertiría en un elemento permanente de canalización del descontento laboral, sobre todo en Andalucía y Cataluña. Cabe recordar la "huelga de la Canadiense", a la que ya hicimos referencia en la primera parte del libro.

El clima de inestabilidad laboral en Cataluña entre 1918 y 1923 degeneró en una auténtica guerra social en la que no pasaba día en el que sindicalistas y pistoleros de la patronal se enfrentaran a tiros en las calles de Barcelona. Y a ello habría que sumar las presiones ejercidas por el regionalismo catalán, que exigía un estatuto de autonomía para su territorio.

El desastre de Annual en 1921, en el que murieron alrededor de 10.000 soldados, también tuvo sus consecuencias para la credibilidad de la monarquía. Un informe elaborado por el general Picasso puso de manifiesto el fraude y la corrupción que se había producido en la administración del protectorado de Marruecos, así como la falta de preparación y la improvisación de los mandos militares.

El historiador Santos Juliá acuñó la expresión "*dictadura con rey*". Con ella hace referencia al periodo que abarca entre 1923 y 1930 en el que el general Primo de Rivera dirigió el Gobierno de España.

El entonces Capitán General de Cataluña, Miguel Primo de Rivera, se sublevó contra el Gobierno el 13 de septiembre de 1923. Fue un golpe militar en toda regla en el que el monarca, tras no apoyar al Gobierno, le cedió el poder. Se podría decir que durante este segundo periodo del reinado de Alfonso XIII, el rey actuó como Jefe del Estado pero no como Monarca Constitucional.

Primo de Rivera contó, desde el primer momento, con el apoyo del ejército y de amplios sectores de la burguesía, sobre todo catalana, pero también con la indiferencia de una buena parte de la población.

En lo económico el periodo se caracterizó por un notable crecimiento aunque, en ello, tuvo mucho que ver la favorable coyuntura internacional que entonces se vivía (los "felices años veinte").

La crisis económica de 1929 y el descrédito acumulado por la Dictadura después de seis años provocarían su caída en enero de 1930.

Ante la pérdida de apoyos sociales y políticos, y el crecimiento de los sectores que se oponían a la Dictadura, Primo de Rivera intentó reforzar su posición ante la Corona buscando el apoyo del Ejército, pero no se vio secundado.

Al dictador no le quedó más remedio que presentar su dimisión al rey, quién la aceptó inmediatamente.

La Dictadura de Primo de Rivera había durado siete años y su dimisión dejó al país sumido en una situación tan inestable como cuando accedió al poder.

Se iniciaba de esta manera el que sería el tercer y último periodo del reinado de Alfonso XIII, el denominado por algunos "dictablanda".

El general Dámaso Berenguer, que en aquel momento era jefe de la casa militar del rey, fue nombrado por el monarca Presidente del Gobierno.

El mensaje que enviaba la monarquía era el de retornar a la normalidad constitucional, algo realmente complicado pues era difícil que alguien olvidara la vinculación que, durante siete largos años, había existido entre la Corona y la Dictadura.

Tan complicado que la mayor parte de los partidos políticos se negaron a colaborar con Berenguer.

Todo parecía indicar que la Monarquía estaba sola. Los sectores sociales que tradicionalmente la habían apoyado, empresarios y patronos, le habían retirado su apoyo desconfiados de la capacidad de la institución real para solucionar los problemas del país.

Además, no sólo los intelectuales y estudiantes mostraban claramente su rechazo al rey. También había perdido el apoyo de la clase media, sector en el que la influencia de la iglesia comenzaba a ser sustituida por las ideas democráticas e, incluso, socialistas.

¿Qué le quedaba a la Monarquía? Una Iglesia Católica que se defendía como podía de la marea de democracia y republicanismo que estaba viviendo el país y un Ejército que estaba asistiendo, en un sector del mismo, a un resquebrajamiento de la lealtad al rey.

El 17 de agosto de 1930 tuvo lugar un hecho trascendental para el devenir de la Monarquía. En una reunión promovida por la Alianza Republicana, y que ha pasado a la historia como el *Pacto de San Sebastián*, se acordó la estrategia para acabar con la Monarquía de Alfonso XIII y proclamar la Segunda República Española.

Básicamente, se trataba de convocar unas Cortes Constituyentes Republicanas, garantizar la libertad religiosa, acometer la reforma agraria y reconocer en las Cortes el derecho de autonomía de las regiones que lo solicitaran.

El plan incluía un pronunciamiento militar y una huelga general que lo apoyaría en la calle y para llevarlo a cabo se creó un *comité revolucionario*.

Pero la insurrección militar fracasó.

La causa fue que los capitanes Galán y García Hernández, de la guarnición de Jaca, se sublevaron el 12 de diciembre, tres días antes de lo que estaba previsto. Por su parte, la huelga general no llegó, siquiera, a declararse.

Los dos capitanes fueron fusilados y pasarían a formar parte del martirologio de la República que estaba por venir.

A Berenguer no le quedó más remedio que restablecer el artículo constitucional que reconocía los derechos de expresión, reunión y asociación, y convocar elecciones generales. Pero al no tratarse de una convocatoria a Cortes Constituyentes no encontró apoyos ni en las propias filas monárquicas.

El 13 de febrero, Berenguer fue destituido por el monarca y en su lugar fue nombrado el almirante Juan Bautista Aznar quien formó un gobierno de *concentración monárquica* que lo primero que hizo fue cambiar el calendario electoral y sustituir las elecciones generales por elecciones municipales.

Las elecciones municipales se celebraron el 12 de abril de 1931 y todo el mundo las entendió como un plebiscito sobre la monarquía.

Las candidaturas republicano-socialistas obtuvieron la victoria en 41 de las 50 capitales de provincias –no así en las zonas rurales en las que ganaron los seguidores de la monarquía–.

Cuando se conocieron los resultados, el *comité revolucionario* hizo público un comunicado en el que anunciaba su propósito de actuar con energía y firmeza e implantar la República.

En la madrugada del día 14 los nuevos concejales del ayuntamiento de Éibar proclamaron la República. Era el comienzo de un nuevo día y de una nueva etapa de la historia de España.

En el Palacio de Comunicaciones de Madrid aparecía, a las cuatro y media de la tarde, una bandera tricolor.

Dos horas después una bandera republicana apareció en uno de los balcones del Ministerio de la Gobernación.

Acababa de ser proclamada, oficialmente, la Segunda República Española.

La misma noche del 14 de abril, al no poder garantizar su seguridad, el Rey Alfonso XIII partió hacia el exilio.

Un manifiesto escrito por el monarca fue publicado tres días después por el diario *ABC*:

"Las elecciones celebradas el domingo me revelan claramente que no tengo hoy el amor de mi pueblo.

(...) Podría hallar medios sobrados para mantener mis regias prerrogativas, en eficaz forcejeo con quienes las combaten. Pero, resueltamente, quiero apartarme de cuanto sea lanzar a un compatriota contra otro en fratricida guerra civil".

Ese mismo día los miembros del *comité revolucionario* constituyeron el Gobierno Provisional de la Segunda República Española.

Portada del diario *La Voz* el día de la Proclamación de la 2ª República (14/04/1931)

Cuando *Marie Curie* llegó a Madrid, en el que era el segundo de sus viajes a España, no hacía ni siquiera una semana que nuestro país había asistido al cambio de régimen.

Curiosamente, son muchos los artículos y entradas de Internet que cuando hacen referencia a este viaje indican, de manera completamente errónea, que *Marie Curie* fue invitada por el Gobierno de la República.

El dato es inexacto pues, como se indicó en el capítulo precedente, la invitación a *Marie Curie* se cursó en junio de 1930, exactamente 10 meses antes de la proclamación de la Segunda República Española.

Ahora bien, dos cosas son ciertas. La primera que el Gobierno Provisional de la Segunda República nombró a la profesora francesa

Huésped de Honor y puso a su disposición un vehículo militar para continuar su viaje por Andalucía y el Mediterráneo.

La segunda que la científica francesa saludó con entusiasmo la llegada del nuevo régimen y sintió como propias la alegría y las esperanzas que muchos españoles habían depositado en él. Por lo menos, así lo manifestó en varias de las cartas que, como tendremos oportunidad de leer, dirigió a su hija *Irène* mientras permaneció en España.

Proclamación de la 2ª República (1931). Plaza de Sant Jaume, Barcelona

EN LA RESIDENCIA DE SEÑORITAS

Tal y como habían acordado, el lunes 20 de abril *Marie Curie* y su hija *Éve*, acompañadas por el profesor Blas Cabrera, salieron de Paris con destino a Madrid.

Desde el día 21 de abril, fecha de llegada a la capital de España, hasta el 5 de mayo, dos días después de su partida de Barcelona, los periódicos y revistas nacionales más importantes informaron puntualmente de los actos y homenajes en los que participó la insigne visitante.

El diario *La Nación*, del día 21 de abril, daba la bienvenida a *Marie Curie* con esta pequeña crónica:

"Invitada por la Sociedad de Cursos y Conferencias se encuentra en Madrid madame Curie, que dará pasado mañana, jueves, una conferencia en la Residencia de Estudiantes, sobre "La radioactividad y la evolución de la ciencia".

En los círculos científicos ha despertado gran interés la visita de esta personalidad, cuya investigación sobre radioactividad le ha valido renombre mundial.

Bien venida sea entre nosotros la ilustre huésped".

El Imparcial del día 23, incluía que el profesor Blas Cabrera había realizado el viaje junto a *Marie Curie* y adelantaba que ésta, además de impartir las dos conferencias, se proponía visitar el Museo del Prado y varios laboratorios.

Claramente laudatorio era el tratamiento que el *Heraldo de Madrid* daba el día 22 de abril a la visita de la profesora francesa: *"El primer huésped internacional de la República".* (…) *Madame Curie, la mujer que fundió en una sola pasión el amor y la ciencia, para bien de la humanidad".* (…) *El Gobierno debe declararla huésped de honor de España".*

Marie Curie llegó a Madrid el martes 21, por la noche. A pesar de que en la correspondencia que mantuvo con el Dr. Cabrera parecía haberse decantado por un hotel confortable y tranquilo, para su estancia en la capital de la nueva República, finalmente ella y su hija se alojaron en la Residencia de Señoritas, situada en el número 30 de la calle Fortuny.

Al día siguiente, el martes 22, *Marie Curie* y su hija *Ève* estaban invitadas a comer en casa de Blas Cabrera. En las puertas de la Residencia, esperando la salida de la madre y la hija, se había congregado una nube de fotógrafos y periodistas que no tardarían en darse cuenta de las dificultades con que se iban a encontrar para obtener unas palabras o una instantánea de la célebre investigadora.

Marie Curie en la Residencia de Señoritas

Según publicaba el diario *Ahora*, el día 23 de abril, sus redactores habían intentado el día anterior una entrevista con *Madame Curie* con resultado negativo, *"pese a la diligencia y buenos oficios de la ilustre directora de la Residencia de Señoritas, María de Maeztu"*.

Informaba el mismo diario que la profesora se negaba sistemáticamente a la entrevista igual que *"se ha negado a cuantos homenajes le preparaban las más altas autoridades docentes de la capital de la República"*.

Pero los periodistas no desistieron:

"La eminente investigadora creyó que los periodistas estaban definitivamente ahuyentados. Al salir a la pequeña escalinata lateral de

la Residencia se encontró proyectada por nuestro fotógrafo. Dándose por vencida, sonrió y se resignó a posar unos minutos".

Ante el éxito de su compañero gráfico, el periodista de *Ahora* lo intentó de nuevo con idéntico resultado. Aunque en esa ocasión consiguió, al menos, arrancar unas pocas palabras a la célebre dama:

"Durante mi estancia en los Estados Unidos resistí los asedios abrumadores de los periodistas. No concedí una "interview".

(...) Usted no querrá dejarme mal a los ojos de sus compañeros norteamericanos".

A continuación, subió al coche y en compañía de su hija y de María de Maeztu se dirigió al domicilio de su colega Blas Cabrera.

M. Curie en la puerta de la Residencia de Señoritas
antes de dirigirse a la casa de Blas Cabrera

Por lo publicado en los diarios de la época, parece ser que el miércoles 22 fue un día de reuniones personales –había sido invitada también por la condesa de Yebes y por la señora de Cuevas de Vera–. Las conferencias programadas tendrían lugar los dos días siguientes.

Entre los documentos privados de la familia *Curie* se conserva una carta de *Marie* fechada en Madrid la tarde del 22 de abril de 1931 y dirigida a su hija mayor *Irène* en la que la primera cuenta algunos detalles del reciente viaje:

"Querida Irène,

Hemos hecho un buen viaje de Paris a Madrid en un tren confortable (...) En la frontera una lluvia continua nos ha impedido disfrutar de la belleza del paisaje. Pasados los Pirineos el tiempo ha mejorado.

Hemos disfrutado de la compañía del Dr. Cabera y de un amigo suyo que había realizado numerosos viajes alrededor del mundo en zepelín, lo cual es muy interesante.

Llegados a Madrid, fuimos recibidas por un amable grupo de personas y un magnífico ramo de claveles rojos nos dio la bienvenida en nuestro alojamiento en la Residencia de Señoritas, en el que estamos heladas porque la calefacción estaba apagada (...) Espero que esta noche el frío no me impida dormir.

(...) El día ha estado soleado y agradable. Hemos comido en casa del Dr. Cabrera (personas y comida excelentes) y visitado la Sociedad donde será mi conferencia de mañana y el nuevo laboratorio del Dr. Cabrera.

(...) Un día muy agradable pero bastante cansado pues también realizamos una visita al Embajador de Francia".

En la misma carta, en tono gracioso y mordaz, una letra sensiblemente diferente en la forma permite adivinar que se trata de las palabras que *Ève* dirige a su hermana *Irène*:

"Querida, ayer tarde descubrí el rostro de nuestra anfitriona, la temperatura real y moral de la casa y la imagen de mamá bebiendo te frío con aspecto de mártir cristiana.

Dudaba si estábamos en una prisión de Estado, en una casa de pastor protestante en el Polo Norte o en una cabaña de deportados en Siberia.

Pero no. Estamos en casa de una española hospitalaria. He lanzado gritos, he roto los muebles y puesto la casa a fuego y sangre.

Hasta que se encienda la calefacción sólo resta cazar a la anfitriona".

Marie Curie en su habitación de la
Residencia de Señoritas en 1931

Tal y como estaba previsto, el jueves 23 de abril tuvo lugar, en el salón de actos de la Residencia de Estudiantes, la primera de las conferencias de *Marie Curie* que tanto interés había despertado en los círculos académicos y culturales. *La Radioactividad y la evolución de la ciencia* fue el título de la misma.

Además de numerosas personalidades del mundo científico y cultural, al acto asistieron el embajador de Francia y el ministro de Polonia, señores *Corbin* y *Perlowski*, y todos los diarios importantes recogieron la noticia de manera destacada.

La expectación por escuchar a la gran dama francesa era enorme. Entre el público destacaban "*muchas damas aristocráticas e intelectuales que querían rendir un fervoroso homenaje a su gloriosa hermana*" (Diario *La Nación*, del 24 de abril).

El catedrático de Electricidad y Magnetismo y ex-rector de la Universidad Central Dr. Blas Cabrera fue la persona encargada de presentar a *Marie Curie* antes de que ésta comenzara su disertación en francés, apoyada por la proyección de algunos clichés.

SOCIEDAD DE CURSOS Y CONFERENCIAS

LA RADIOACTIVITÉ
ET L'ÉVOLUTION
DE LA SCIENCE

CONFERENCIA, EN FRANCÉS,

MARIE CURIE

En la Residencia de Estudiantes, Pinar, 21

Conferencia ofrecida por Marie Curie
en la Residencia de Estudiantes

Blas Cabrera con Marie Curie el día de la Conferencia en la Residencia de Estudiantes

Así describía el articulista R. M. Tenreiro en el diario *El Sol*, el día 24 de abril, la "puesta en escena" de *Marie Curie* durante su primera conferencia:

"Al pronto aquella dama ya no joven, vestida como con severo hábito negro, recogida de cualquier modo en apretado moño su gris cabellera en lo alto de la cabeza, sin una joya, un lazo ni el más remoto dejo en su persona de coquetería femenina; con sus gruesas antiparras de miope; su inmovilidad mientras habla, como si rezara; su palabra sencilla; su voz opaca, fría y monótona, pudo parecernos una dama catequista de las que inician los trabajos para la restauración monárquica; pero conforme fue avanzando por las simples sendas de su conferencia, excelente modelo de vulgarización de temas arduos, fuimos descubriendo su auténtica naturaleza.

No hay que fiarse. Esta señora, pese a su humilde e inofensivo aspecto, lo que verdaderamente es, es una hechicera (...) Ha consagrado su vida, en la que dos veces le fue atribuido el premio Nobel, a la prometeica tarea de arrebatar a los dioses varios de sus secretos, conquistando para la humanidad varios territorios del saber, hechos aún hoy de incalculables consecuencias".

El mismo día, 24 de abril, el periódico *La Voz* recogía la noticia y lo hacía, ciertamente, de manera "más prosaica" pero también más científica. Lo que sigue es un extracto de la misma:

"Madame Curie puso de manifiesto el papel esencialísimo que la radiactividad y los radioelementos de gran potencia han desempeñado en la moderna evolución científica al facilitar el estudio de la estructura del átomo, del que dijo que no es la partícula miserable que pensaron los griegos, sino un sistema complejo, formado por los protones y electrones, granos de las cargas eléctricas positiva y negativa, que son sus unidades naturales y constituyen la última esencia de la materia".

En líneas generales, los extractos publicados por la mayoría de los diarios no diferían demasiado del resumen que la propia *Marie Curie* había enviado por carta a Blas Cabrera, a petición de la *Sociedad de Conferencias*, y que quedó recogido en el capítulo anterior.

Nada más tenerse conocimiento de la inminente llegada a Madrid de la investigadora francesa fueron muchas las voces que se alzaron solicitando que se nombrara a *Marie Curie* "huésped de honor de la República" (recuérdese el titular del *Heraldo de Madrid* del día 22 de abril) y el recién proclamado Gobierno de la Segunda República no se hizo de rogar. En una corta nota se recogía el hecho en el diario *Ahora* del día 24:

"Después de dar lectura a la referencia oficiosa, el Ministro de Instrucción Pública manifestó que, hallándose actualmente en Madrid Madame Curie, descubridora del radio, el Gobierno había acordado nombrarla Huésped de Honor de la República y en nombre del Gobierno rendirá él los honores que merece".

Durante sus años de convivencia, *Pierre* y *Marie Curie* permanecieron separados en contadas ocasiones y, cuando ello aconteció, siempre a causa de algún viaje al que alguno de los dos no pudo acudir por motivos de salud. Esta es la razón de que apenas se haya conservado correspondencia entre ellos.

Sin embargo, cada vez que los dos pasaban algún periodo de tiempo, por corto que éste fuera, separados de sus hijas no dejaban pasar un día sin escribirles una carta o una postal. Y esta costumbre fue mantenida por *Marie Curie* a lo largo de toda su vida, durante las múltiples ocasiones en que ella o sus hijas viajaban fuera de Paris.

Ya hemos hecho referencia a la primera de las cartas que, nada más llegar a Madrid, *Marie Curie* dirigió a su hija *Irène*. Dos días después, el viernes 24 por la noche, y sin tiempo para que *Irène* la hubiera recibido, su madre volvió a escribirle.

En esta segunda carta, *Marie Curie* comenta que ya ha impartido las dos conferencias –la segunda esa misma tarde- y hace referencia a la amabilidad de la gente, vinculando ese hecho a la nueva situación que estaba viviendo España:

"Lo que vemos es la alegría de su joven república y es muy emocionante ver qué confianza en el futuro existe entre los jóvenes y entre muchas de las personas de más edad.

Deseo con toda sinceridad que no terminen decepcionándose".

Quién podía imaginar en aquel momento que, tan sólo cinco años después, un golpe militar no sólo acabaría con toda esa ilusión sino que sería el inicio de uno de los periodos más negros de la historia de España.

Pero volvamos atrás, a esos primeros días republicanos en los que la ilusión por una nueva España se estaba forjando. Sabemos por esa carta que *Marie* y *Ève* pasaron la mañana del viernes 24 en El Escorial y que les pareció "*impresionante*". Sabemos, también, que al día siguiente iban a tener *"una jornada muy cargada con comida en la Embajada de Francia, reunión con estudiantes, reunión científica y cena en la legación de Polonia"*, que el domingo pensaban visitar Toledo y que el lunes partirían para Granada.

La carta también daba cuenta de un hecho que posteriormente sería publicado por muchos diarios: el Gobierno de la República había puesto a disposición de las ilustres visitantes un automóvil con chófer para realizar esos desplazamientos.

La pasión que *Marie Curie*, siempre, demostró por la labor investigadora queda perfectamente reflejada en los párrafos finales de la carta:

"Estoy sin noticias de vosotros y del Laboratorio y ello me produce una suerte de inquietud como si estuviera en otro planeta".

La ilustre investigadora hubo de permanecer inquieta, aún, unos días más pues *Irène* no escribiría hasta el domingo 26, una vez recibida la carta anterior.

En su respuesta, la hija mayor del matrimonio *Curie*, incluía una completa descripción del estado de sus investigaciones a la par que un par de referencias a *Frédéric Joliot-Curie* –su marido– al respecto de una conferencia que acababa de impartir y a *Miss Meloney* –la periodista americana que había organizado los dos viajes de *Marie Curie* a EEUU– cuya intención era acercarse dos días a Paris desde Londres, lugar en el que se encontraba en aquel momento.

La carta de *Irène* finalizaba con un deseo: *"buen viaje por el sur de España"*.

Como *Marie Curie* adelantaba por carta a su hija, la mañana del viernes 24 la pasaron en El Escorial visitando el grandioso monasterio que fuera mandado construir por el rey Felipe II y que, debido a su grandiosidad y complejidad, ha sido considerado desde finales del siglo XVI la *Octava Maravilla del Mundo*.

Por la tarde, de vuelta en Madrid y tras la comida en la Embajada de Francia, *Marie Curie* tenía una cita con el mundo científico y académico en la Universidad Central. Allí debía pronunciar la segunda de las conferencias que constituían el núcleo central de su viaje a España.

La conferencia –*Las relaciones entre los rayos α, β y γ de los cuerpos radiactivos*– que estuvo apoyada por varias proyecciones cinematográficas, según informaba el diario *Ahora* el día 25 de abril, tuvo lugar en el aula octava de la Facultad de Ciencias y entre el público asistente se encontraba el claustro de profesores con su decano al frente y numerosos alumnos de la Facultad.

A lo largo de la conferencia, la profesora *Curie "hizo una detenida descripción acerca de los rayos alfa, beta y gamma y de los aparatos que permiten medir el poder de penetración de los primeros, las diferentes velocidades de los segundos y las longitudes de onda de los terceros.*

Apoyándose en numerosas fotografías obtenidas por el método Wilson, hizo ver la dirección de los rayos cósmicos descubiertos recientemente por el profesor Hess en Alemania y (el profesor) *Millikan en Norteamérica".*

En relación a los rayos cósmicos explicó, también, que *"estos rayos se atribuyen a la formación de átomos en los espacios interestelares, donde hasta hacía poco se creía que reinaba el vacío, y que su intensidad es diez veces mayor que la de los rayos emitidos por el radio"* y que la única propiedad de los rayos cósmicos que, hasta ese momento, había podido confirmarse y medirse era *"su poder de penetración"* (*El Sol*, del 25 de abril).

Como el lector podrá suponer, durante la conferencia y al final de la misma, *Mme. Curie* fue objeto de constantes muestras de admiración. Entre los agasajos que recibió cabe destacar los ofrecidos por la Facultad de Ciencias, la Academia de Ciencias Exactas, Físicas y Naturales, y la Sociedad de Física y Química con su presidente, Dr. Moles, al frente.

El día había sido muy largo y, posiblemente, el cansancio estaría ya instalado en el cuerpo de la ilustre visitante. Pero a la jornada le restaba un acto que, a tenor del amor que *Marie Curie* sentía por su país de nacimiento, haría que la fatiga desapareciera como por encanto: cena en la Embajada de Polonia, en la que sería la invitada de gala.

"En la Legación de Polonia el ministro, Sr. Perlowski, ofreció el viernes una comida (cena) *en honor de la señora Curie-Slodowski.*

Fueron sus comensales la señora Curie, con su hija; el embajador de Francia, Sr. Corbin; el ministro de Suiza y señora de Stoutz; el ministro de Hungría, Sr. Hervey; el señor Pierre París, director de la Casa de Velázquez y señora; el profesor Don Blas Cabrera y señora; el profesor Moles; Don Eugenio d'Ors y otros" (*Heraldo de Madrid*, del 27 de abril).

Caricatura de M. Curie en su
segundo viaje a España en 1931
Publicada en ABC

El sábado 25 de abril tendría lugar el último de los actos académicos a los que *Marie Curie* acudiría en su segunda visita a España. A partir del domingo comenzaría un periplo, antes de partir hacia Paris, que la conduciría en primer lugar a Andalucía para posteriormente dirigirse a Barcelona a través de la costa mediterránea.

El acto al que hacía referencia y del que todos los diarios informaron fue el que la Sociedad Española de Física y Química organizó en honor de su colega francesa –con motivo de la presencia en Madrid de *Mme. Curie*, dicha Sociedad había acordado otorgarle el título de socio de honor y hacerlo en una sesión extraordinaria de la Sociedad–.

El solemne acto tuvo lugar en el salón rectoral de la Universidad. Junto a *Marie Curie*, ocuparon la presidencia el Dr. Moles y los secretarios de la Sociedad, Dres. Mourelo y Palacios.

Fue el presidente de la Sociedad, Dr. Enrique Moles, quién le entregó el título y quién *"ofreció, en sentidas frases, el homenaje de los químicos y físicos españoles, representados por la sección central de la Sociedad Española de Física y Química".*

En breves palabras y en francés, como en ella era habitual, *Marie Curie "agradeció el homenaje de admiración y simpatía de que se le hacía objeto".*

Antes de acabar el acto *"se desarrolló un interesante coloquio acerca de la conferencia dada por la notable investigadora en la Facultad de Ciencias* (el día anterior) (…) *Intervinieron en la discusión los señores Cabrera, Palacios y Molés, exponiendo diversas ideas y haciendo algunas preguntas, que fueron glosadas y contestadas cumplidamente por Mm. Curie, que fue despedida con una nueva ovación al levantarse la sesión"* (Diarios *El Liberal* y *El Sol* del 26 de abril).

El lector debe saber que el nombramiento como socio de honor de la Sociedad Española de Física y Química no fue el único reconocimiento que la investigadora francesa recibió de la ciencia española.

Efectivamente, el día anterior *Marie Curie* había sido elegida miembro ("a título extranjero") de la Academia de Ciencias Exactas, Físicas y Naturales de Madrid. Al día siguiente, 25 de abril, el Secretario General de la Academia, José María de Madariaga y Casado –insigne ingeniero de minas y catedrático de electrotecnia nacido en Hiendelaencina, provincia de Guadalajara– se lo comunicaba por carta a la científica francesa:

"Esta Academia, teniendo en cuenta los relevantes conocimientos científicos de V.S., en sesión celebrada el día 24 de abril corriente y previos los trámites reglamentarios, acordó nombrar a V.S. Académico Corresponsal Extranjero de la misma.

Lo que, por acuerdo de la Corporación, tengo el honor a de comunicar a V.S., incluyéndola un ejemplar de los estatutos por los que aquélla se rige.

Dios guarde a V.S. muchos años".

Efectivamente, *Marie Curie* fue elegida miembro de la citada Academia y le fue comunicado el nombramiento pero, sin embargo, el mismo no le fue entregado.

La "reparación" tendría lugar casi 82 años después en un solemne acto en el que el Presidente de la Real Academia de Ciencias Exactas, Físicas y Naturales –Alberto Galindo Tixaire– hizo entrega del diploma acreditativo de su nombramiento a su nieto el Profesor *Pierre Jo-*

liot-Curie, Académico y Profesor de Biología, hijo de *Frédéric Joliot* y de la hija de *Pierre* y *Marie Curie*, *Irène Joliot-Curie*:

"*Excmo. Sr. Ministro-Consejero de la Embajada de Francia en España, Excma. Sra. Encargada de Negocios de Polonia en España, Académicos, Autoridades, Señoras y Señores,*

Estamos aquí reunidos para honrar una vez más el recuerdo de Madame Marie Curie con una ceremonia de entrega de diploma que no pudo celebrarse a su tiempo.

A propuesta de varios Académicos, esta Real Academia de Ciencias Exactas, Físicas y Naturales eligió a Marie Curie como Académica Correspondiente Extranjera el 30 de abril de 1931 (el 24 de abril, según los diarios de la época), *con ocasión de su segunda visita a España como invitada especial de la Segunda República. (...) En aquella ocasión no fue posible entregarle personalmente a Marie Curie el diploma acreditativo de su nombramiento, y 82 años más tarde, se encuentra aquí, entre nosotros, su nieto el Prof. Pierre Joliot-Curie, quien recogerá el diploma en nombre de su ilustre abuela.*

(...) Ha constituido siempre para nuestra Academia un inmenso honor y prestigio el contar entre sus miembros extranjeros con una Académica tan universal y aclamada como Madame Curie. En su glorioso recuerdo, y en nombre de la Real Academia de Ciencias Exactas, Físicas y Naturales de España, hago entrega a Mr. le Professeur Pierre Joliot-Curie del diploma que acredita a su preclara abuela María Sklodowska-Curie como Académica Correspondiente de esta Institución".

Y si durante la semana que permaneció en la capital de España recibió los dos homenajes mencionados, más de un año después, el 14 de julio de 1932 –curiosamente el día de la fiesta nacional francesa- el Ministro de Estado, a través de la Embajada de España en Paris, ponía en conocimiento de *Marie Curie* que le había sido concedido el Lazo de la Orden de Isabel la Católica.

La Orden de Isabel la Católica premiaba aquellos comportamientos extraordinarios de carácter civil, realizados por personas españolas y extranjeras, que redundaran en beneficio de España o que contribuyeran, de modo relevante, a favorecer las relaciones de amistad y cooperación de la Nación española con el resto de la comunidad internacional.

Instituida por el Rey Fernando VII, el 14 de marzo de 1815, fue la única de las Órdenes dependientes del Ministerio de Estado que, el 24 de julio de 1931, no fue suprimida por el Gobierno Provisional de la Segunda República:

"Su Excelencia el Señor Presidente de la República ha tenido a bien otorgar a Vd. el Lazo de la Orden de Isabel la Católica.

Lo que me honro en comunicar a Vd. para su conocimiento y satisfacción, remitiéndole el adjunto boletín con el ruego de se sirva llenarlo y devolverlo a este Departamento, a fin de que pueda ser extendido el correspondiente Título".

Diez días después, el 24 de julio, sería el Embajador de España en Paris quien se dirigiera, por carta, a la investigadora francesa para transmitirle que había recibido *"el encargo de hacerle llegar el Lazo de la Orden de Isabel la Católica que le había sido concedido por el Gobierno de la República Española ".*

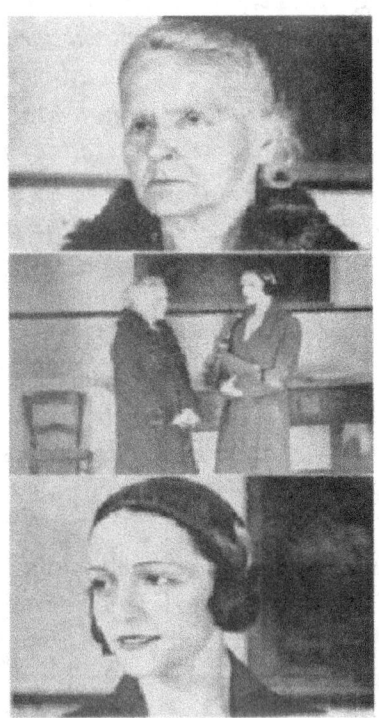

Marie y Ève Curie en la
Residencia de Estudiantes

DE TURISMO POR ESPAÑA

Habida cuenta de los numerosos tesoros con los que Toledo agasajaba siempre a sus visitantes y las innumerables muestras de cariño y respeto que las autoridades y habitantes de la ciudad imperial le dedicaron en su primera visita, es de suponer que *Marie Curie* estaría encantada de regresar a la ciudad del Tajo. Y si en la primera ocasión estuvo acompañada de su hija mayor, *Irène*, en ésta sería la pequeña, *Ève*, la que tendría la suerte de poder admirar los encantos de esa ciudad milenaria.

Si de aquella primera visita, en la que más de ochocientos médicos de toda España recorrieron sus vetustas calles, existen numerosos documentos tanto gráficos como periodísticos no podemos decir lo mismo de la segunda.

De hecho, el documento que me ha llevado a situar a *Marie* y *Ève Curie* en Toledo el domingo 26 de abril ha sido la carta que *Marie* escribió a su hija *Irène* la noche del día 24 y a la que ya hemos hecho referencia.

Además, el 18 de enero de 2013 la versión digital de *ABC* publicó un artículo, firmado por Valle Sánchez, en el que se indicaba que madre e hija se desplazaron a Toledo invitadas por el científico y humanista Gregorio Marañón, hecho que había sido desvelado por Belén Yuste y Sonnia L. Rivas-Caballero, biógrafas de *Marie Curie*.

La invitación para pasar el día en Toledo, en la casa que el matrimonio Marañón-Moya poseía en esta ciudad, puede ser la causa del telegrama que madre e hija dirigieron al médico español, el día 5 de mayo de 1931, ya de vuelta en Paris:

"Dr. Marañón, de regreso en Paris, después de nuestro bonito viaje, queremos expresarle nuestro agradecimiento y nuestros afectuosos recuerdos. Marie Curie y Ève Curie".

Imaginemos, por tanto, que madre e hija pasaron un agradable día en Toledo, mezcladas entre sus habitantes como dos turistas más o charlando amigablemente con la familia Marañón –Gregorio Marañón Posadillo y Dolores Moya Gastón de Iriarte–.

Aunque escuetas, del periplo andaluz, del que hablaremos a continuación, existen un número mayor de reseñas en los diarios más importantes de la época y con ayuda de las mismas intentaré reconstruir el recorrido de las dos ilustres visitantes de la manera más fidedigna posible.

Gregorio Marañón en enero de 1931

Marie y *Ève Curie* partieron de Madrid el lunes 27 de abril y lo hicieron con dirección a Córdoba, primera etapa de sus "vacaciones" por el sur de España.

La llegada a la capital del califato tuvo lugar cuando la ciudad comenzaba a sumirse en las primeras sombras de la noche. El diario *Ahora* del día 28 recogía la noticia de manera sucinta:

CORDOBA, 27 (11 n.).- Ha llegado madame Curie, acompañada de su hija. Mañana visitarán la ciudad y continuarán después su viaje a Sevilla.

Y así debió acontecer salvo en lo que a la continuación del viaje se refiere puesto que desde Córdoba, madre e hija, se dirigieron a Granada.

Obsérvese el buen gusto de la dama francesa. Primero Toledo, luego Córdoba y después Granada. Con el paso de los años las tres ciudades serían declaradas Patrimonio de la Humanidad por la Unesco.

La visita por la ciudad de Córdoba tuvo lugar la mañana del día 28 y fue recogida, también de manera muy escueta, por el periódico *La Voz*:

CORDOBA, 28 (4 t.).- Madame Curie ha cumplimentado a las autoridades. Visitó la Mezquita, acompañada del delegado de Bellas Artes y del secretario de Turismo. También estuvo viendo los monumentos artísticos y los rincones típicos de la ciudad. Luego hizo una excursión a Sierra Morena. A las tres de la tarde marchó en automóvil a Granada, muy satisfecha de su estancia en Córdoba.

El diario *Ahora* del 29 de abril insistía en que, tras visitar la Mezquita y recorrer los museos, *Madame Curie* continuó su viaje hacia Granada y Sevilla.

He de decir que en ninguno de los más de 10 diarios consultados aparece ninguna mención a que *Marie Curie* recalara en Sevilla. Hemos de entender por ello que, cuando se menciona la ciudad de la Giralda como escala del viaje de la investigadora francesa, se trata simplemente de un error.

Marie Curie llegó a Granada, procedente de Córdoba, el martes 28 de abril de 1931. Así se pudo leer en el periódico *La Libertad* del día 29:

"Procedente de Córdoba, y en un automóvil del Ministerio de la Guerra, llegó, acompañada de su hija, madame Curie.

Fue recibida por las autoridades y un numeroso grupo de estudiantes, que la vitoreó.

Mañana visitará los monumentos y el jueves, por la noche, emprenderá el regreso a Madrid".

Una vez más el reportero daba por sentado un hecho que no se produjo. La *dama del radio* cuando partiera de Granada no lo haría en dirección Madrid.

Al tratarse de un viaje organizado con cierta discreción, podría pensarse –al igual que cuando se incluyó Sevilla en el recorrido del mismo– que los periódicos no tenían una idea clara del itinerario del viaje y, a algunos, no les quedó más remedio que "dejar volar la imaginación".

Tal y como había ocurrido con la visita a Córdoba y seguiría aconteciendo hasta el momento de tomar el tren de regreso a Paris, la visita a Granada de *Marie* y *Ève Curie* dejó pocos documentos gráficos. Algunas breves reseñas en los diarios de la época y una fotografía tomada en el Patio de los Leones es, prácticamente, todo lo que queda de los dos días que madre e hija pasaron en la ciudad de la Alhambra.

Ya he comentado que el Gobierno Provisional de la República –recuérdese que el nuevo régimen tenía apenas quince días de vida– había puesto a disposición de la científica un vehículo con chófer. Concretamente, se trataba de un automóvil del Servicio Rápido Militar.

El profesor José Antonio García López aporta uno de los escasos detalles que se conocen de la llegada a Granada. Según su investigación el coche, procedente de Córdoba, atravesó la Calle Real de Pinos Puente alrededor de las siete de la tarde y, aproximadamente, cuarenta y cinco minutos después llegaba a las puertas del Hotel Alhambra Palace de la ciudad de Granada.

Recuérdese que la intención de Marie *Curie* –así se lo había transmitido a Blas Cabrera– era realizar este viaje de incógnito o, cuando menos, sin darle demasiada publicidad. Pero si bien es cierto que la fama no arrastraba a las masas como en la época actual, no lo es menos que la popularidad de *Mme. Curie* en esos años –contaba ya 63 años– había llegado a todos los rincones del primer mundo.

Se dijo, en su momento, que fue un profesor de la Universidad de Granada –Don Antonio Gallego Burín– que en aquel momento era Delegado del Patronato Nacional de Turismo quien alertó a las autoridades granadinas de la llegada de tan ilustre visitante.

Fuera como fuere, cuando *Marie* y *Ève Curie* descendieron del automóvil y pisaron suelo granadino se encontraron –según informaba el diario *El Defensor de Granada*– con un grupo de estudiantes de medicina que, en "improvisado" desfile, las dispensó una cariñosa acogida. Por supuesto, que ninguna de las dos se lo esperaba.

Tampoco se esperaban lo que vino después. Cuando accedieron al vestíbulo del hotel se encontraron con un comité de bienvenida del que formaban parte el Alcalde –José Martín Barrales, ginecólogo y posteriormente Decano de la Facultad de Medicina–, el Gobernador Civil –Ramón González Sicilia– y varios Decanos de la Universidad de Granada, además del ya citado Antonio Gallego Burín.

No sin cierta precipitación, una vez tuvo conocimiento del viaje, el pleno del Ayuntamiento de Granada nombró a *Marie Curie* huésped de honor y aprobó hacerse cargo de todos los gastos que acarreara su estancia en la ciudad.

Al día siguiente, el miércoles 29, la noticia de la llegada de las ilustres visitantes era recogida por *El Defensor de Granada* en una escueta nota:

"Como teníamos anunciado, ayer tarde llegó a nuestra ciudad la ilustre científica Marie Curie, acompañada de su bellísima hija.

(...) Nuestra cordial bienvenida a la preclara doctora y a su simpatiquísima hija".

Por lo que parece, la belleza y la simpatía de *Ève Curie* no pasaron desapercibidas para la prensa granadina.

Y como si no se hubieran movido del sitio, la misma comitiva que las había recibido la tarde anterior las estaba esperando a la mañana siguiente y juntos se dirigieron a la Alhambra.

Para el recuerdo ha quedado una fotografía en la que madre e hija aparecen posando en el *Patio de los Leones*.

Marie Curie, situada entre dos leones, sostiene un ramo de flores y mira a la cámara en una actitud que, como era habitual en ella, denotaba su incomodidad en esas situaciones. Por su parte, *Ève* aparece ausente o distraída pero, en todo caso, en una pose menos forzada.

El jueves 30 de abril, antes de partir de Granada, *Marie Curie* escribió otra carta a su hija *Irène*. Tras lamentar no tener noticias de los tres (*Irène*, su marido *Frédéric Joliot* y la hija de ambos *Hélène*; el segundo de los hijos del matrimonio, *Pierre*, nacería en marzo de 1932) hacía referencia a algunos aspectos del viaje:

"Es un viaje muy interesante pero, como la organización ha sido realizada por el gobierno de la República Española, tiene carácter oficial y por ello tiene ventajas e inconvenientes.

Lo que me interesa mucho son las conversaciones con los republicanos y el entusiasmo que tienen por renovar el país. Pueden conseguirlo.

Granada es una ciudad con una situación magnífica y los palacios árabes son muy bellos.

(...) Ayer, fui fotografiada en la Alhambra por la prensa, creo, y había también un grupo de estudiantes que invadieron el lugar para saludarme y fotografiarme.

(...) Esta mañana iremos hacia la costa del sur y dormiremos en Almería.

(...) Regresamos por Barcelona y si no ocurre nada inesperado tomaremos el rápido que llega a Paris el lunes a las 9 y media de la mañana. Envíanos el coche a la estación del Quai d'Orsay.

Puede que te envíe todavía algunas cartas, pero no estoy segura de que las recibas antes de nuestro regreso, pues no existen buenas comunicaciones directas en este país.

Nuestro itinerario será Málaga, Almería, Murcia, Alicante, Valencia y Barcelona".

Marie Curie y su hija Ève en la Alhambra en 1931

Efectivamente, como indicaba en la carta a su hija *Irène, Marie* y *Ève Curie* partieron de Granada en dirección hacia Málaga a primera hora de la mañana del jueves.

Hemos de pensar que, aunque la estancia en Granada fue corta, el paso de la científica franco-polaca por la ciudad de la Alhambra causó una honda impresión en los granadinos y en sus autoridades.

Tal vez por ello, justo setenta años después, regresó, y esta vez, para quedarse. Efectivamente, desde marzo de 2001 un conjunto escultórico realizado en bronce y mármol por Miguel Barranco López, que la recuerda trabajando en su laboratorio, se encuentra ubicado en el Parque de las Ciencias de Granada.

La escultura representa a *Marie Curie*, de cuerpo entero y a tamaño natural. Su aspecto es muy similar al que de ella conocemos por las fotografías. Con rostro serio y mirada segura, aparece sosteniendo un matraz en su mano derecha mientras la mano izquierda se apoya sobre una mesa de mármol en la que descansan otros recipientes de laboratorio.

Escultura de Marie Curie realizada por Miguel Barranco

Como ya he comentado, existe muy poca información sobre las visitas a las distintas ciudades por las que pasaron. Fue una constante desde que abandonaron Madrid y lo seguiría siendo hasta que llegaran a Barcelona. La prensa, básicamente, sólo informó de las recepciones que les dispensaron las autoridades.

Hemos de entender que, aunque en algunos casos sólo se detuvieron algunas horas y en otros lo hicieron para pernoctar, aprovecharían la escala en cada una de las ciudades para visitar algunos de sus monumentos más emblemáticos. Pero no podemos afirmarlo.

La Libertad del día 2 de mayo es un ejemplo de lo que acabamos de exponer:

"Málaga, 30.- Hoy, a mediodía, llegó procedente de Granada madame Curie, que fue cumplimentada por el gobernador y el alcalde. Después de comer marchó a Almería".

Igual de escueta es la noticia de su llegada a Almería recogida en diario *El Sol* del día 2 de mayo:

"Almería, 1 (2 t).-Procedente de Granada (no hace referencia a Málaga) ha llegado a esta capital madame Curie.

Fue cumplimentada por el alcalde, el gobernador, el cónsul de Francia y otras personalidades.

Mañana, seguramente, continuará su viaje".

Y, efectivamente, tras pernoctar en Almería continuó su viaje ascendente camino de Barcelona.

Dibujo de Marie Curie
Publicado en *España Médica* 01/05/1931

Marie Curie llegó a Murcia el día 1 de mayo. La noticia fue publicada por el diario *La Verdad* dos días después e informaba que se detuvo *"brevemente a almorzar en el Hotel Reina Victoria la ilustre y sabia Madame Curie"*.

Como había ocurrido en todas las etapas de su recorrido, las autoridades locales se acercaron al Hotel Reina Victoria a conocer a la ilustre visitante y a su hija. Fueron *"atentamente saludadas y cumplimentadas por el Gobernador Civil, señor Torres Roldán, acompañado del Secretario de la Junta Provincial de Turismo, señor Sobejano; por el ilustrísimo señor Rector de la Universidad, don José Loustau, catedrático de Ciencias, y por los profesores universitarios, señores Martínez-Moya y Ruiz Funes (…) En coche oficial siguieron su itinerario para Valencia y Barcelona"*.

¿Se detuvieron en Alicante o pasaron de largo? No podría asegurarlo. Todo parece indicar que pudieron descansar en esta ciudad la noche del día 1 puesto que la llegada a la ciudad del Turia –su siguiente etapa– tuvo lugar el día 2 de mayo:

"Valencia, 2 (8 n).-Procedente de Almería, llegó en automóvil Mme. Curie. Al hotel donde se hospeda acudieron, para saludarla, el alcalde y los Sres. Trigo y Menmeneu, quienes la acompañaron a visitar la población, los viveros, el puerto, la Lonja y los edificios notables.

Después, en el hotel, madame Curie recibió la visita del rector accidental de la Universidad, doctor Peset; del decano de la Facultad de Medicina y del presidente del Colegio de Médicos.

Madame Curie marchó con dirección a Barcelona, acompañándola hasta el límite de la provincia el alcalde. Prometió volver a Valencia muy en breve".

Si la promesa obedecía a un verdadero deseo o era una manera de mostrarse cortés ante quienes, en ese momento, la agasajaban nunca lo sabremos. Pero, lo que si sabemos es que *Marie Curie*, aunque aún regresaría una vez más a España, no volvió a Valencia.

Tampoco es mucho lo que conocemos de la estancia de la *dama del radio* en la Ciudad Condal. Llegó a Barcelona el día 3 de mayo por la mañana y partió de ella, en dirección a Paris, la noche del mismo día.

Sabemos que *"visitó los jardines de Montjuich, acompañada del cónsul de Francia, del director del Instituto Francés, del doctor Pi i Suñer y del escritor francés René Benjamin"* (Diario *El Sol*, del 5 de mayo).

Sabemos, también, que visitó *"el Pueblo Español, dirigiéndose después al Ayuntamiento donde fue recibida por el alcalde, quien la dio la bienvenida, obsequiándola además con un ramo de flores"* (*Heraldo de Madrid*, del 4 de mayo).

Tras la recepción en el Ayuntamiento, *Marie Curie* –junto a su hija *Ève*– se dirigió *"al palacio de la Generalidad, donde fue recibida por diversas personalidades"* que excusaron la ausencia del presidente Maciá, por encontrarse fuera de Barcelona (*El Sol* y *Heraldo de Madrid*).

Marie Curie y su hija Ève durante su paso por la Ciudad Condal

El Ateneo de Barcelona fue una de las instituciones que se quedó sin poder demostrar su admiración a la ilustre visitante. Y lo mismo le ocurrió a la Colonia Francesa en Barcelona. Los presidentes de ambas asociaciones habían dirigido sendos telegramas al Consulado de Francia en Barcelona solicitando la presencia de *Marie Curie*, en sus respectivas sedes, pero lo apretado del viaje no lo hizo posible.

Mejor suerte corrieron los miembros de la Sociedad de Radiología de Cataluña que tuvieron la oportunidad de departir, aunque fuera brevemente, con la afamada profesora.

Madre e hija partieron de Barcelona el domingo 3 de mayo de 1931 en el expreso de la noche (*El Sol*). Antes de salir hacia Paris, *Marie Curie "prometió volver en octubre próximo para dar una conferencia"* (*Heraldo de Madrid*). Pero, ese regreso tampoco tuvo lugar.

Durante las dos semanas que *Marie Curie* pasó en nuestro país fueron innumerables las muestras de admiración y respeto que recibió.

Cartas, telegramas y tarjetas de bienvenida inundaron la Embajada de Francia en Madrid y los Consulados Franceses de Granada, Málaga, Almería y Barcelona. También la Residencia de Señoritas de Madrid y los hoteles en los que se hospedó en su viaje por el sur y el este de España.

Para no cansar al lector citaré, sólo, algunas de las personas más relevantes que, por uno u otro medio, se dirigieron a *Marie Curie* para expresarle su admiración durante su estadía en España:

Fernando de los Ríos Urruti, Catedrático de la Universidad Central y Ministro de Justicia.

Marcelino Domingo Sanjuán, Maestro, Periodista y Ministro de Instrucción Pública.

José Castillejo Duarte, Catedrático de Derecho Romano y Secretario de la Junta para la Ampliación de Estudios.

La Duquesa de Durcal, Presidenta de la Sociedad de Cursos y Conferencias.

Pierre Paris, Director del Instituto Francés y de la Casa Velázquez.

Eloy Vaquero Cantillo, Maestro, Periodista, Poeta y Alcalde de Córdoba.

Fermín Garrido Quintana, Médico, Catedrático de Patología y Alcalde de Granada.

Francisco Mesa Moles, Rector de la Universidad de Granada.

Juan Luis Díez Tortosa, Decano de la Facultad de Farmacia de la Universidad de Granada.

Agustín Trigo Mezquita, Farmacéutico, Industrial y Alcalde de Valencia.

Juan Peset Aleixandre, Vicerrector de la Universidad de Valencia.

Jesús Bartrina Capella, Decano de la Facultad de Medicina de la Universidad de Valencia.

Honorable Francesc Macià i Llussa, President del Govern de la Generalitat de Catalunya.

Jaume Aguadé Miró, Médico, Escritor y Alcalde de Barcelona.

R. Torres-Carreras y J. Bremon Masgrau, President y Secretari, respectivamente, de la Societat de Radiología i Electrología de Catalunya.

Manuel Ribé i Labarta, Jefe Superior de la Guardia Urbana y Ceremonial.

Ya en Paris, y casi sin pasar por su laboratorio, *Marie Curie*, con una exquisita corrección, dirigió una serie de telegramas y cartas de agradecimiento a distintas personalidades de la vida pública española.

El día 5 de mayo de 1931, el Ministro de Justicia, Don Fernando de los Ríos Urruti, recibía el siguiente telegrama:

"Quisiera darle las gracias más sinceras por su agradable bienvenida y por las molesticas que se tomó para hacer agradable y fácil mi viaje a España". Marie Curie.

También el mismo día y de la misma remitente fue el recibido por el Ministro de Instrucción Pública, Don Marcelino Domingo Sanjuán:

"De regreso a Paris, deseo expresar al gobierno de la República Española y a usted mismo mi agradecimiento más sincero por la excelente acogida que recibí en España y de la que conservo un precioso recuerdo". Marie Curie.

Una de las primeras cartas que la científica francesa redactó nada más llegar a Paris debió de ser al Alcalde de Barcelona, Jaume Aguadé Miró, pues el día 13 de mayo éste le escribía lo siguiente:

"Señora,

En respuesta a su amable carta, que testimonia el reconocimiento por la buena acogida que la ciudad de Barcelona le dispensó, me congratulo de agradecerle sus palabras y le transmito que para la ciudad fue un honor recibir la visita de tan ilustre dama, gloria de la ciencia y de la humanidad.

Reciba, Señora, la expresión de mi más alta consideración".

Diré para terminar que el viaje sirvió, y quizás debería ser considerado uno de los aspectos más importantes del mismo, para establecer relaciones y vínculos profesionales con otros colegas. Prueba de ello es el contenido de la misiva que el 20 de mayo de 1931, Enrique Moles dirigió a la profesora francesa. Lo que sigue es un extracto de la misma:

"Para todos nosotros, su estancia en Madrid permanecerá inolvidable y la impresión que su personalidad dejó entre nosotros fue muy profunda. Espero que guarde un recuerdo agradable de su viaje a España.

Le agradezco su interés por mis investigaciones. Espero poder enviarle algunas de mis publicaciones que podrían interesarla.

Espero tener pronto el honor y el placer de saludarla en su laboratorio, a la vuelta de un viaje que voy a realizar a Viena".

EL TRATAMIENTO DE LA VISITA EN LA PRENSA

Fue tan grande la expectación que generó la visita de *Marie Curie* a nuestro país que, al igual que ocurriera en 1919 y volvería a pasar en 1933, los periódicos más importantes vertieron auténticos ríos de tinta sobre el acontecimiento. Notas de prensa, artículos laudatorios y reportajes dieron cumplida cuenta de la visita.

Con *Marie Curie* y su hija *Ève* de vuelta en casa puede ser un buen momento para analizar el tratamiento que la prensa dio a su estancia en Madrid durante la primera semana, habida cuenta que, al tratarse de un "viaje privado", su recorrido por Andalucía y la costa mediterránea, lógicamente, no tuvo el mismo seguimiento.

Hay que decir, en honor a la verdad, que la mayor parte de las noticias, por su forma y contenido, podrían haberse encuadrado perfectamente en las secciones de "ecos de sociedad", independientemente de que aparecieran en las portadas de los diarios o en sus páginas de ciencia o cultura:

"En sesión extraordinaria, la Sociedad Española de Física y Química entregó a madame Curie el título de socio de honor.

Le fue entregado por el señor Moles que pronunció breves frases y después la homenajeada dio las gracias por tal muestra de admiración y simpatía" (*La Correspondencia Militar* del 28 de abril).

La excepción habría que buscarla en las revistas especializadas o en algunos artículos firmados, en periódicos de información general. El aparecido en la revista *España Médica*, el día 1 de mayo de 1931, podría ser un ejemplo de estas excepciones: *"La sabia investigadora de los secretos del radio ha sido nuestro huésped, dando unas conferencias en Madrid que, como es lógico, merecen el justo homenaje de los que iniciados en estas cuestiones, pueden alcanzar la trascendencia de su labor. Dedicámosle esta página reproduciendo las palabras de Madame Curie que tan bien sintetizan su propia vida:*

La vida del sabio en su laboratorio no es ciertamente un idilio apacible, sino una lucha obstinada a que se entrega con lo que le rodea y consigo mismo.

Un gran descubrimiento no brota del cerebro del sabio completamente acabado, como Minerva surgió, equipada, de la cabeza de Júpiter, sino que es el fruto de una labor pulcrísimamente acumulada.

*Entre los días de producción fecunda se intercalan los días de in-
certidumbre, en los que nada parece llegar a buen término y en los
que hasta la materia se muestra hostil. Y en esos días es cuando hay
que luchar contra el decaimiento. Durante esas crisis del trabajo me
decía Pierre Curie, sin abandonar su incansable paciencia: "¡Qué
dura es la vida que hemos elegido!"*

*¿Qué compensación ofrece nuestra sociedad al sabio que le hace
el admirable don de su persona y de los servicios que presta a la
Humanidad? ¿Disponen los servidores de la idea de los medios de
trabajo que necesitan? ¿Tienen su existencia puesta al abrigo de toda
necesidad? El ejemplo de Pierre Curie, y de tantos otros, muestra que
para conquistar medios de trabajo aceptables tiene que agotar el sabio su juventud y sus fuerzas en las preocupaciones de cada día...*

*Nuestra sociedad, en la que reina un ardiente deseo de lujo y de
riqueza, no comprende el valor de la Ciencia. No se da cuenta de que
la Ciencia constituye parte de su más preciado patrimonio moral, de
que es la base de todo progreso y de que alivia la vida humana dismi-
nuyendo sus sufrimientos".*

El estilo ampuloso de los artículos, tan alejado del lenguaje de la
calle, era algo que destacaba en todas las noticias, independientemente
del medio de comunicación en el que aparecieran. Además no era in-
frecuente que, en la noticia, se deslizara algún pequeño –o no tan pequeño– error. Un extracto de la noticia aparecida en el diario *La Libertad*, el 23 de abril de 1931, es un ejemplo de ambas cosas, estilo recargado y pequeños errores:

*"Puede decirse que María Sklodowska, que más adelante había de
llenar al Mundo con su fama bajo el nombre de María Curie, vino al
Mundo en un laboratorio, que eso era el hogar de su padre, sabio
investigador en ciencias físicas.*

*Cuando María hubo de abandonar su hogar, <u>después de muerto el
padre</u>, para luchar frente a frente con la vida y sus miserias, fue
abriendo su camino con rudo trabajar en busca de otro laboratorio, el
de la Sorbona, y cuando, tras afanes sin cuento, aparece, doctorada
ya, en la Normal de Sèvres, su hogar, el hogar del matrimonio Curie,
es también un laboratorio"* (*Marie Curie* dejó el hogar paterno a finales de 1891, para estudiar en la Sorbona, y su padre falleció en mayo
de 1902, más de 10 años después).

La discreción en el vestir, el moño en el que se recogía el cabello, su semblante serio y su bajo tono de voz fueron, también, aspectos que de manera reiterada fueron recogidos por muchos diarios. Un ejemplo puede ser el artículo firmado por R. M. Tenreiro en el diario *El Sol* del día 24 de abril, al que ya hicimos referencia. Veamos un extracto del mismo:

"...Aquella dama ya no joven, vestida como con severo hábito negro, recogida de cualquier modo en apretado moño su gris cabellera en lo alto de la cabeza, sin una joya, un lazo ni el más remoto dejo en su persona de coquetería femenina; con sus gruesas antiparras de miope; su inmovilidad mientras habla, como si rezara; su palabra sencilla; su voz opaca, fría y monótona...".

Si el lector recuerda, lo que acaba de leer, es una descripción muy similar a la que 12 años antes, con ocasión del primer viaje de *Marie Curie* a España, había realizado la intelectual feminista Margarita Nelken en la revista *España Médica*, en un artículo en el que intentaba esbozar la personalidad de la científica francesa.

Ciertamente, en algunas ocasiones las noticias hicieron referencia a su débil aspecto pero nunca, o casi nunca, se relacionó éste con su estado de salud.

En ocasiones, su negativa a conceder entrevistas o su poca predisposición a asistir a cenas u homenajes fueron relacionadas con un carácter adusto. Aunque en honor a la verdad debo decir que la mayor parte de los periodistas y fotógrafos que intentaron entrevistarla y fotografiarla, si bien reflejaron en sus crónicas la negativa de la científica a conceder interviús, siempre mostraron un profundo respeto hacia tal decisión.

De esta manera se expresaba el periodista Juan G. Olmedilla en el diario *Heraldo de Madrid* el 22 de abril, al día siguiente de la llegada de *Madame Curie* a la capital de la recién proclamada República:

"La he esperado esta tarde en la Residencia, y cuando llegó con su hija, a las cuatro, acompañada de nuestro sabio catedrático D. Blas Cabrera y el director de aquella institución, D. Alberto Jiménez, he luchado lo indecible por conseguir de ella unos minutos de charla trivial e inoportuna, lo sé; pero necesaria para dar fe de nuestro fervor a su paso..."

Y esta fue, *grosso modo*, la conversación que el periodista mantuvo con la científica:

– *No quiero interviús, ni fotografías, ni conceder autógrafos.*

–Es que, perdón señora, yo necesito registrar su llegada a Madrid y nuestro interés, reflejo del interés del público, es por su personalidad y por su obra.

–Mi obra no es más que obra de amor; continuación de la de mi marido, que detestaba como yo la publicidad, los honores, cuando no fuera el trabajo silencioso y fecundo de nuestro laboratorio. Hay que trabajar en vez de retratarse. (...)¡Qué puedo yo decirle! Lo que pudiéramos hablar sería propio para una revista profesional, y lo que a un diario haya de interesarle de mí puede usted encontrarlo en una enciclopedia o en un diccionario biográfico.

–No es necesaria, señora, esa consulta. Porque conozco su biografía y sé lo que le debe a usted la Humanidad, es por lo que la admiro. Y como yo, todo el mundo.

(...)Por eso, aunque madame Curie no se preste a las alharacas de la Prensa, los periodistas españoles estamos en el deber de exaltarla y honrar nuestros periódicos honrándola a ella a su paso".

Si bien es cierto que *Marie Curie* donde se encontraba como pez en el agua era en la intimidad de su laboratorio o sus clases no lo es menos que, con el paso del tiempo, había aprendido a representar el papel social al que su condición de "embajadora del radio" la obligaba, y ello a pesar del enorme esfuerzo que representaba para su mermada salud.

Eso es algo que no supo ver la prensa y si lo hizo no dio cuenta de ello.

¿Qué hubieran pensado muchos de estos periodistas de haber sabido que sus médicos la "autorizaban" a viajar con la condición de no realizar ningún acto mundano, más allá de los estrictamente necesarios, y que *Marie Curie* se "saltaba a la torera" esos consejos?

Seguramente, muchos de ellos desconocían el tremendo esfuerzo que estos largos viajes representaban y el enorme desgaste que eso suponía para la débil salud de la *dama del radio*.

Pero, aunque lo hubieran conocido, no habrían sabido que ella, *Marie Curie*, por el radio, por su Instituto, por la lucha contra el cáncer y por reivindicar el nombre de su marido, *Pierre Curie*, habría hecho absolutamente todo lo que tuviera que hacer, hasta el límite de sus escasas fuerzas. Y, realmente, cada vez eran más escasas.

TERCER VIAJE.- MAYO DE 1933

Conversaciones sobre
"El porvenir de la cultura"

LA COMISIÓN INTERNACIONAL DE COOPERACIÓN INTELECTUAL

El día 28 de junio de 1919 se firmó en Versalles el tratado de paz que puso fin a la Primera Guerra Mundial. Habían transcurrido cinco años desde el atentado que, en Sarajevo, acabó con la vida del archiduque Francisco y que fue la causa directa del conflicto.

Si bien el armisticio que puso fin a las hostilidades en los campos de batalla se había firmado el 11 de noviembre de 1918, tuvieron que transcurrir aún seis largos meses de negociaciones para proceder a la firma del tratado de paz y otros siete hasta que, el día 10 de enero de 1920, entrara en vigor.

El Tratado de Versalles trajo la paz al continente europeo pero las duras condiciones impuestas a la derrotada Alemania –además de reconocer la culpa moral del conflicto, hubo de desarmarse completamente, realizar importantes concesiones territoriales y pagar unas exageradas indemnizaciones económicas a los países aliados– serían utilizadas, años después, por *Adolf Hitler* como pretexto para su política expansionista.

Uno de los puntos del Tratado de Versalles establecía la creación de la Liga de las Naciones, más conocida como Sociedad de las Naciones (SDN), en la creencia de que una organización mundial de países podía resultar un elemento de estabilidad tanto en el mantenimiento de la paz como en la prevención de futuros conflictos armados.

La propuesta para su creación fue realizada por el presidente norteamericano *Woodrow Wilson* y su objetivo principal era la creación de un organismo que permitiera a las naciones dirimir sus disputas por medios pacíficos y evitar, de esa forma, futuros conflictos como el que acababa de diezmar Europa.

Los países miembros se comprometían a observar de manera rigurosa el Derecho Internacional y a que las relaciones internacionales se fundamentaran en la justicia y el honor.

La primera asamblea de la Sociedad de las Naciones se celebró en Ginebra el 20 de noviembre de 1920. Participaron en ella 42 países, de los cuales más de la mitad no eran europeos. La presencia de Alemania fue vetada y no entraría a formar parte de la Sociedad hasta 1926.

Si bien es cierto que la Sociedad de las Naciones no consiguió resolver muchos de los problemas que existieron en las décadas de los años 20 y 30 hay que poner en valor que se tratara de la primera organización internacional de este tipo y, por ello, el antecedente de la actual Organización de Naciones Unidas (ONU) fundada tras la disolución de la SDN en abril de 1946.

Asamblea General de la Sociedad de Naciones, Ginebra, 1932. Foto: EL PERIÓDICO

En aquella primera reunión celebrada en Ginebra, la delegación belga planteó la importancia de establecer una cooperación intelectual entre los países, sin menoscabo de la cooperación política de los Gobiernos, necesaria para llevar a buen puerto los objetivos de la Sociedad.

Posteriormente en las asambleas celebradas el 13 de diciembre de 1920 y el 2 de septiembre de 1921 se dieron los primeros pasos para la creación de una comisión para el estudio de las cuestiones internacionales de educación y de cooperación intelectual.

El informe emitido por dicha comisión sirvió de base para la creación, el 4 de enero de 1922, de la *"Comisión Internacional de Cooperación Internacional"* (CICI).

La CICI estaba integrada por 13 miembros, entre ellos *Marie Curie*, y su mandato lo era por cinco años renovables. Se reunió por primera vez en Ginebra el día 1 de agosto de 1922 y el filósofo francés *Henri Bergson* fue elegido su primer Presidente.

En aquella primera reunión se decidió, además, el lugar y la frecuencia de sus reuniones estableciendo que tendrían lugar en Ginebra el mes de julio de cada año.

La CICI funcionó hasta 1946 y, junto a otros organismos internacionales, podría considerarse una de las precursoras de la UNESCO.

Si dejamos a un lado las víctimas y el sufrimiento que causó la Gran Guerra, una de sus consecuencias más importantes –no siempre bien dimensionada– fue la fractura que produjo entre los científicos pertenecientes a países de uno y otro bando. Las *Conferencias o Congresos Solvay* pueden servirnos para explicar este hecho.

Como seguramente el lector conozca o recuerde, pues ya me he referido a ello en páginas anteriores, las *Conferencias Solvay de Física* –y posteriormente también las de química– comenzaron a celebrarse en Bruselas en 1911, bajo el paraguas económico del industrial belga *Ernest Solvay*.

La importancia que tuvieron las primeras Conferencias en el desarrollo de las teorías de la mecánica cuántica y la estructura del átomo es un hecho constatado.

También lo es que sirvieron para estrechar lazos, tanto de trabajo como personales, entre los científicos que asistieron a las mismas –por poner algunos ejemplos, entre *Marie Curie y Albert Einstein* y entre este último y *Niels Böhr*, a pesar de sus famosas "discusiones"–.

La segunda de las Conferencias de Física tuvo lugar en 1913 pero la tercera, que debería haberse celebrado en 1916, no se realizó por culpa de la guerra. Tendría lugar, por fin, en 1921 pero sin la participación de los científicos alemanes, que no fueron invitados.

La cuarta Conferencia de Física se celebró en 1924 y, de igual manera que tres años antes, los científicos alemanes no acudieron a pesar de los esfuerzos realizados por algunos de sus colegas británicos y franceses para posibilitar su presencia.

Hubo que esperar hasta la quinta Conferencia, celebrada en 1927, para que científicos de "uno y otro bando" pudieran poner, de nuevo, en común sus teorías e investigaciones. Bajo el tema "electrones y fotones" se reunió la que, sin duda, puede considerarse la mejor generación de físicos de la historia –de 29 asistentes, 17 habían recibido o recibirían en el futuro el Premio Nobel–.

La quinta *Conferencia Solvay de Física* no solo simbolizó el reencuentro con los científicos alemanes sino que supuso la "puesta de largo" de la Mecánica Cuántica.

Pues bien, una de las primeras prioridades que se impuso la CICI fue recuperar esos lazos de cooperación científica y cultural que la guerra se había encargado de romper.

A finales de 1924 se escribió un nuevo capítulo en la vida de la CICI. En aquella fecha tuvo lugar la creación del "*Instituto Internacional de Cooperación Intelectual*", con sede en el *Palais Royal* de Paris, cuyas actividades se extenderían a la Educación, las Ciencias Sociales, las Ciencias Exactas y Naturales, el Cine, las Bibliotecas y Archivos, las Letras y las Artes, y a los Derechos de Invención y de Autor.

Miembro de la CICI desde su creación, *Marie Curie* dedicó parte de su trabajo durante aquellos años a promover las vocaciones científicas. Primero como uno más de los trece componentes de la Comisión y posteriormente como Vicepresidenta de la misma.

A este respecto, en la sesión del 16 de junio de 1926 presentó un importante memorándum sobre *la cuestión de las becas internacionales para el avance de las ciencias y el desarrollo de los laboratorios* que tendría su concreción práctica tan sólo unos años después (Ver Anexo III).

CONVERSACIONES/ENTREVISTAS/DEBATES

Marie Curie regresó de nuevo a Madrid en mayo de 1933 y lo hizo en su calidad de Vicepresidenta de la Comisión Internacional de Cooperación Intelectual (CICI) de la Sociedad de las Naciones.

La Residencia de Estudiantes recibió por segunda vez a la científica francesa, esta vez, para presidir los debates que el Comité de Letras y Artes de la Sociedad celebró en la capital de España sobre *El porvenir de la cultura.*

El encuentro internacional tuvo lugar entre los días 3 y 6 de mayo y en sus siete sesiones participaron, junto a profesores de universidades tan prestigiosas como Harvard y Cambridge, personalidades del mundo de la cultura como el escritor francés *Paul Valéry* o los españoles Miguel de Unamuno y Gregorio Marañón, por citar solamente a algunos.

En las dos ocasiones anteriores en las que había visitado España, *Marie Curie*, lo había hecho invitada por el Comité Organizador del Primer Congreso Médico, la primera de ellas, y por la Sociedad de Conferencias y la Universidad Central, la segunda.

En su tercer viaje lo hizo en representación de un Organismo Internacional. Podríamos decir, por tanto, que se trató de un viaje oficial, y ésta sería la primera de las diferencias con respecto a los viajes anteriores.

Fue también el viaje más corto de los efectuados. Si en el primero permaneció 12 días entre nosotros y en el segundo la estancia se elevó hasta las dos semanas, en el que nos ocupa el tiempo que permaneció en España no llegó a una semana.

Y una diferencia más: en los dos primeros viajes –aunque muy distintos en su estructura– los actos académicos se alternaron con los actos "mundanos", fueran estos últimos en forma de homenajes o de visitas turísticas, mientras que en el realizado en 1933 la carga institucional o académica destacó de manera importante sobre los momentos de asueto.

Es muy probable que su, cada vez más, delicado estado de salud la llevara a limitar determinados actos que, por otro lado, nunca habían sido fruto de su devoción.

La reunión de Madrid, que fue denominada "Conversación" en la prensa española, "Entrevista" en la francesa o "Debate" en la de otros países, era la segunda de las organizadas anualmente por el Comité de Artes y Letras de la CICI –la primera había tenido lugar en 1932 en Fráncfort, con motivo del centenario de *Goethe*–.

Constituido en 1931, el Comité de Artes y Letras dejó muy claro, desde el primer momento, cual era su razón de ser:

"Acaso se espere demasiado de nosotros y no tenemos derecho a provocar una decepción. La Sociedad de las Naciones responde a una necesidad urgente. Para nosotros, lo más urgente es la vida del espíritu. Y no nos engañemos. La vida del espíritu se halla directamente amenazada por la incertidumbre del mañana, por la inestabilidad de la situación política e, indirectamente, por el régimen industrial y la crisis que éste atraviesa".

De una u otra forma, todos los diarios de la capital de España saludaron la celebración en Madrid de este evento internacional:

"Madrid se ha convertido en una gran estación internacional. Figuras ilustres del Mundo –en política, en arte, en ciencia– pasan frecuentemente por nuestra ciudad.

Antes era, de tarde en tarde, un jefe de Estado o un jefe de Gobierno. Visita oficial, honores y protocolo. Hoy es, mucho más frecuentemente, una figura del arte o del pensamiento. Visita menos espectacular; pero más rica en dimensiones espirituales.

Estas Conversaciones sobre el porvenir de la cultura reúnen, ahora, en Madrid un magnífico ramo de figuras del Mundo. Escritores, profesores, investigadores.

Algunos de estos nombres han recibido el fogonazo de la curiosidad mundial. Otros nombres, menos conocidos, responden al esfuerzo callado, a la recogida labor que se desarrolla en silencio, como a un lado de la vida apresurada, ruidosa y febril" (Diario *La Libertad* del 6 de mayo).

La presidencia de la segunda de las "Conversaciones" recayó en *Mme. Curie*, debido a la enfermedad del Presidente, *M. Jules de Estrés*, y fueron muchos los intelectuales españoles y extranjeros que estuvieron presentes.

Entre los españoles cabría destacar al escritor Salvador de Madariaga, en aquel momento embajador de España en Paris; al decano de la Facultad de Filosofía y Letras, el filósofo Manuel García Morente; y a los ya citados Miguel de Unamuno, catedrático de la Universidad de Salamanca y Gregorio Marañón, catedrático de la Facultad de Medicina de Madrid –quien, curiosamente, el día anterior había renunciado a su acta de Diputado a Cortes–.

La representación extranjera incluía numerosas personalidades europeas, estadounidenses y mejicanas. Entre ellos el bioquímico británico, de la Universidad de Cambridge, *J.B.S. Haldane*; el escritor y político portugués, *Julio Dantas*; el profesor de Historia de la Economía de la Universidad de Harvard, el norteamericano *Edwin F. Gay*; el físico francés *Paul Langevin*, profesor del Colegio de Francia; *Georges Oprescu*, profesor de Historia del Arte de la Universidad de Bucarest y miembro del Secretariado de la Sociedad de Naciones; *Josef Strzygowski*, profesor de Historia de Arte en la Universidad de Viena; *Francesco Orestano*, filósofo y miembro de la Real Academia Italiana; la poetisa rumana *Elena Vacaresco*; el compositor y pianista polaco, *Karol Szymanowski*; el novelista y dramaturgo francés *Jules Romains*, y el ya mencionado, poeta y filósofo francés, *Paul Valery*, miembro de la Academia Francesa.

Algunos de los participantes en las Conversaciones sobre "El porvenir de la cultura". Madrid 1933

Unos y otros habían sido congregados para debatir e intentar dar respuesta a una serie de interrogantes, en relación con la cultura, la educación y el pensamiento, que habían sido englobados bajo el epígrafe general de *"El porvenir de la cultura"*. Estos eran algunos de ellos:

¿Era posible considerar la cultura bajo tres aspectos diferentes: individual, nacional y humano?

¿El futuro de la cultura dependía de una valoración exacta de estos tres términos?

Si existían esos tres aspectos de la cultura, ¿había lugar a establecer una jerarquía entre ellos y a distinguir el que constituía un fín en si mismo del que sólo era un elemento y una condición de tal fin?

¿Era cierto que el desarrollo de la civilización material entorpecía el libre juego del espíritu y del pensamiento o, por el contrario, les aportaba nuevos y más poderosos medios de acción y de expresión?

¿Existía alguna posibilidad de crear una tabla de valores culturales que, por su fuerza intrínseca, se impusiera a todos los hombres y a todas las naciones?

Por último, se les pedía su opinión respecto a la educación de las masas así como sobre el futuro de la cultura y las relaciones internacionales o, si lo queremos expresar de otra manera, la relación entre los progresos de la cultura y el de la organización internacional.

Para debatir sobre tan sesudas cuestiones disponían de cuatro días, justo el tiempo que durarían las "Conversaciones de Madrid".

La sesión inaugural tuvo lugar el miércoles 3 de mayo, por la mañana, en el nuevo Auditorio de la Residencia de Estudiantes situado en el número 103 de la calle Serrano.

"La presidencia estaba situada en el escenario, adornado con tapices. La ocupó el ministro de Estado, que tenía a su derecha a la princesa Bibesco y a los embajadores de Portugal e Italia, y a su izquierda, al embajador de Argentina y a los ministros de Checoeslovaquia y Santo Domingo" (Diario *Ahora* del 4 de mayo).

Lo que sigue a continuación es una pequeña muestra del interesantísimo discurso de bienvenida ofrecido por el Ministro de Estado, el profesor y escritor Luis de Zulueta, y que tanto *Marie Curie* como el resto de participantes escucharon con gran atención:

"He aquí que el tema de vuestro coloquio –"El porvenir de la cultura"- nos interesa muy especialmente. Yo creo, a decir verdad, que en todos los países despierta hoy el más ardiente interés. Sería curioso hacer el recuento del número de veces que cada una de estas dos palabras, cultura y porvenir, aparece en los libros y publicaciones dados a luz en nuestro siglo XX. (...) Y en uno y otro caso se trata de conceptos que, con el sentido que hoy en ellos ponemos, no fueron tal vez conocidos por los hombres de otras civilizaciones.

(...) Por otro lado, el enorme progreso de la técnica, especialmente en lo relativo a los medios de comunicación, ha producido un fenómeno, el más característico tal vez de nuestros tiempos: el mundo,

este planeta que para nuestros antepasados estaba lleno de lejanías ilimitadas y misteriosas, se ha vuelto de pronto extremadamente pequeño. La tierra entera está en nuestra mano. Cada uno de vosotros, desde esta misma sala, podría ahora sin dificultad hablar con su propio hogar, con su patria distante.

Lo que aquí estamos diciendo podría, también, sin esfuerzo –mediante un pequeño aparato colocado sobre esta mesa– ser escuchado en este mismo minuto por los hombres de razas y pueblos remotos.

(...) Conviene recordar a este propósito que el progreso no siempre se verifica en el mismo sentido en que marchan nuestros esfuerzos y nuestras previsiones. No siempre los sueños de hoy son las realidades del mañana. Mucho de lo que en otras épocas se soñó no se ha realizado.

En cambio, se han realizado cosas que los antiguos no se atrevieron ni a soñar. Los que, en otros siglos, esperaron tal vez conseguir la juventud perpetua, o la transmutación de los metales en oro, o la unidad de la fe religiosa, o el imperio universal, cosas que no se han logrado, no habrían, en cambio, admitido ni en sueños la posibilidad de la radiotelefonía.

(...) Cuando meditamos sobre el porvenir de la cultura solemos prolongar en nuestra imaginación las líneas directrices de la civilización presente.

(...) Lo importante no sería saber cómo se resolverán mañana los problemas que hoy nos interesan sino adivinar qué otros problemas, qué nuevos problemas despertarán mañana el interés de las generaciones venideras.

(...) Cuestión vital para nosotros es la de relacionar, armonizar, o, si lo preferías, organizar internamente los tres aspectos de la cultura; el individual, el nacional y el de la cultura de la Humanidad.

(...) La cultura individual, el florecimiento de lo que el hombre tiene de singular, incomparable, irreductible, ya que cada alma es un ejemplar único y el molde queda roto, parece que habrá de ser siempre una base firme de toda vida social. En realidad, lo nacional o lo humano tienen su verdadera existencia en las conciencias individuales y desaparecerían en la medida en que esas conciencias se oscureciesen.

(...) De lo que, a mi juicio, no cabe dudar es de que en nuestro siglo se está dibujando el esbozo de una cultura total humana y de una organización de la vida internacional basada en los principios universales y en los intereses comunes a todos los pueblos de la Tierra.

¿Llegaremos a realizar en la práctica esa organización pacífica y jurídica de la solidaridad entre los Estados? Los esfuerzos que en este sentido se realizan son grandes; los obstáculos no son pequeños; los resultados, todavía, inciertos.

(...) La cultura, de la que vais a hablar, naufragaría en una nueva guerra. El mundo no puede salvarse más que por la cooperación de todos, por la unión y la paz. Vosotros dais ahora un ejemplo de cooperación en la esfera elevada del pensamiento".

El ministro terminó su discurso, que por su interés y nivel intelectual podríamos considerarlo el primero de los grandes debates de la reunión de Madrid, recordando aquella sentencia de *Leibniz* en la muerte de *Comelio*: *"Nos será dado hallar el bien común, pero sólo si trabajamos concordes".*

Luis de Zulueta Escolano en 1932

El Sr. Zulueta, que fue muy ovacionado por su brillante disertación, concedió inmediatamente la palabra a *Mme. Curie* quien comenzó su discurso agradeciendo al Gobierno español, en nombre de la CICI, su cortés y generosa invitación con el que éste *"da una nueva prueba de su adhesión a la Sociedad de las Naciones, y sobre todo a la obra de su Comisión de Cooperación Internacional"*.

Recordó cariñosamente a *Jules Destrée* que debería haber presidido la reunión y a quien una enfermedad se lo había impedido: *"Su generosa visión del mundo faltará en esta reunión sin que pueda suplirse"*.

Subrayó, a continuación, la importancia que debería tener la cultura en el mundo actual y para ello *"se había decidido crear un Comité permanente de Letras y Artes para examinar y discutir los grandes problemas que plantean las necesidades y el porvenir de la Humanidad, y para favorecer a la vez la formación de una Sociedad de Espíritus, según la feliz expresión de Paul Valéry"*.

Marie Curie junto al Ministro de Estado y otras personalidades el día de la inauguración de las Conversaciones de Madrid

Recordó que, en el tiempo transcurrido entre las primeras Conversaciones celebradas el año anterior en Frankfurt y las que iban a comenzar, habían aparecido dos publicaciones importantes que, a buen seguro, estaba convencida, no serían pasadas por alto durante los futuros debates.

La primera de ellas contenía dos cartas cruzadas entre *Einstein y Freud*, bajo el título de "*Por qué la guerra*" y la segunda, titulada "*Para una Sociedad del Espíritu*" comprendía un conjunto de cartas de las que eran autores *Paul Valéry* y Salvador de Madariaga, entre otros.

Al entender de *Marie Curie*, "*El porvenir de la cultura*" no podía ser abordado sin inquietud. De esta manera explicaba el significado de sus palabras:

"*La inteligencia humana, que ha determinado los maravillosos progresos del dominio ejercido por el hombre sobre la materia, contiene gérmenes de destrucción.*

¿Existe el peligro de conducirla a la ruina por el exceso mismo de sus éxitos deslumbradores y por la imposibilidad de adaptación a las condiciones fisiológicas impuestas por la Naturaleza?

Es indispensable para el futuro de la civilización que la magia de las conquistas de orden científico y de la gloria de las realizaciones técnicas se desarrollen en un conjunto armónico con la aceptación de una doctrina que instituya un régimen de paz y de amistad entre los hombres y las naciones bajo la supremacía universal de la razón y de una moral digna de este nombre.

Por lo menos, el debate difícil en que nos cupo meternos será la expresión de nuestra buena voluntad y también, yo lo espero, un testimonio de nuestra fe en el porvenir".

EL PORVENIR DE LA CULTURA

El final de la intervención de *Marie Curie* fue el pistoletazo de salida para el comienzo de los debates.

Habida cuenta del gran número de participantes en el mismo haremos un pequeño recorrido por cada una de las sesiones que tuvieron lugar durante los cuatro días que duraron los debates y recogeremos "retazos" de algunos de los razonamientos que en ellos vertieron los participantes españoles y algunos de sus colegas extranjeros.

Comenzaban los trabajos de las "Conversaciones" y la profesora francesa enseguida concedió la palabra al Doctor García Morente.

El Decano de la Facultad de Filosofía y Letras comenzó destacando la importancia del tema que allí les había reunido:

"Es evidente que la cultura sufre crisis, y hay que examinar sin son pasajeras o permanentes.

La cultura se encuentra gravemente amenazada por varias causas. El especialista cada día se restringe más, y ni siquiera se preocupa de planear los métodos de otras cuestiones fuera de su campo. Cada vez es más grande la sabiduría en términos absolutos; pero, en realidad, el individuo va siendo cada vez más ignorante. (...) Peligra, pues, la cultura individual.

(...) El individuo no científico va perdiendo, además, toda relación con la ciencia. Goza de sus beneficios; pero no se interesa por ella, ni entra en su contenido. La tiene, como el niño el juguete; pero ni siquiera se preocupa de romperlo para saber qué guarda dentro. Goza de la radiotelefonía de otros adelantos, sin molestarse en averiguar en qué se fundamenta" (Diario *Ahora* del día 4 de mayo).

"Existe, también, el peligro de la estandarización. La vida pierde originalidad. La mecanización, la fabricación en serie, ataca al arte; hace los muebles parecidos; se leen los mismos libros; se crean masas de lectores; se escribe mucho; hay avidez de noticias, y esto hace que la masa lea lo que comprende y lo que le agrada. Los escritores tienden a halagar al público sirviéndole esas lecturas. Es difícil distinguir lo bueno de lo malo" (Diario El *Sol*, del día 4 de mayo).

El profesor García Morente se ocupó luego del concepto del hombre en la Historia. Explicó cómo a partir del renacimiento se trató de aislar el concepto de lo nacional para llegar al concepto del individuo y cómo, una vez conseguido el objetivo, la cultura no supo que camino tomar.

"*La cultura*, terminó diciendo, *debe tener formas nacionales; pero su contenido, ha de ser individual*".

Manuel García Morente

La primera de las sesiones vespertinas comenzó a las cinco de la tarde. Nada más iniciarse, y tras un breve saludo por parte de *Paul Valéry*, *Marie Curie* concedió la palabra a *Jules Romains*. El escritor francés comenzó agradeciendo al profesor García Morente que "*hubiera planteado los problemas de una manera útil para la discusión*".

Continuó afirmando que no podían establecerse conclusiones aprioristicas sino que tenían que ser objeto de investigaciones, porque, "*si somos técnicos en el aspecto intelectual, es nuestro deber formular conclusiones*".

Tras aplaudir lo dicho por García Morente al respecto de la especialización, se manifestó completamente en desacuerdo con él en lo que se refería a los escritores, llegando a asegurar que había muchos más escritores buenos que en ninguna otra época.

"*¿Es preferible que la masa continúe analfabeta? He aquí un drama de la civilización actual. Hay que anexionar a la cultura a todo el mundo.*

Es mayor peligro el que exista un mundo aislado entre el analfabetismo y la barbarie que el que se infiltre la cultura a las masas, por-

que ello puede salvar a la misma cultura" (Diario *El Sol* del día 4 de mayo).

Afirmó a continuación que, García Morente, al exponer su idea del hombre había faltado a la justicia al no rendir homenaje al cristianismo en la Edad Media, en la que todos los estratos sociales tenían la idea de un hombre inmortal. "*La obra de liberación del hombre hecha por el cristianismo ha precedido al racionalismo, sin que yo entre a juzgar ni al uno ni al otro*".

Jules Romains (Louis Henri Jean Farigoule)

El siguiente en intervenir fue *Julio Dantas* quien reflexionó sobre el destino de la civilización. Argumentó que el porvenir de ésta dependía del destino de Europa y que si, como había que temer, sobrevenía una catástrofe, por causas políticas, se subvertiría la vieja cultura de la civilización continental:

"*Por ello hace falta estudiar los problemas en una especie de paneuropeísmo. Yo uno mis votos por esa sociedad de los espíritus. La muerte del mundo no se resolverá en los gabinetes diplomáticos, sino en la solución de estos problemas científicos, para evitar al hombre su fatiga y para hacer efectiva esa sociedad de los espíritus"* (Revista *Residencia* de mayo de 1933, número 3).

Esa misma tarde intervino desde la tribuna de oradores Don Miguel de Unamuno.

En su opinión *"el sentido más exacto de la crisis actual es el de que el mundo está fatigado. Se piensa mucho y no se digiere la verdad. Pero, sobre todo, hay un desequilibrio entre la producción y el consumo que sólo se puede salvar creyendo en la ciencia y aproximándose a la Edad Media, siquiera sea en el reposo"*.

Unamuno insistió en su creencia de que el mundo necesitaba reposo, que era preciso creer, tener fe: *"como la tiene mi patria, que yo quisiera que conocieseis para ver exactamente que hay una cultura popular"* (Revista *Residencia* de mayo de 1933, número 3).

Tal y como estaba previsto en el orden del día, la tercera de las sesiones de las "Conversaciones" dio comienzo a las 11 de la mañana del día 4 de mayo, y de los varios intelectuales que disertaron sobre el tema propuesto cabría destacar al prestigioso economista de la Universidad de Harvard, el norteamericano *Edwin F. Gay*.

El profesor *Gay* comenzó hablando de las contribuciones norteamericanas a la cultura.

En su opinión, el desarrollo del Arte y las Letras había sido lento porque el trabajo diario consumía una parte importante del tiempo de las personas.

Resaltó la importancia adquirida por el nacionalismo en Norteamérica *"por el gran poder civilizador e importancia que tiene para los emigrantes"*.

Pero añadió que *"el nacionalismo en sí no basta. Infinitas cosas que en la vida moderna, son consideradas como norteamericanas han tenido, sin embargo, sus principios en Europa.*

Ahora los EEUU quieren que esas cosas perfeccionadas, vuelvan a Europa, y en ello se esfuerzan los dirigentes norteamericanos".

Explicó, también, como el pueblo norteamericano tenía que mantener un nivel de vida superior al europeo, porque esa fue la primitiva razón de emigrar a América. Comentó que *"aquellos que iban a Norteamérica no sólo tenían que conservar sus medios de vida, sino mejorarlos"*. (Diario *Heraldo de Madrid* del 4 de mayo).

Edwin Francis Gay

Durante aquellos días la capital de España se convirtió, sin lugar a dudas, en el epicentro de la ciencia y la cultura mundiales.

Ejemplo de ello fue que, paralelamente a las "Conversaciones" del Comité de Artes y Letras, se desarrollaron en Madrid unas jornadas organizadas por el Comité de Coordinación Científica de la Sociedad de las Naciones, constituido por físicos y químicos de reconocido prestigio.

La primera de ellas, para tratar algunos aspectos relacionados con la "*Nomenclatura de la física y de la química*", había comenzado ese 4 de mayo a las diez y media de la mañana en el Instituto Nacional de Física y Química.

En la reunión, presidida por el físico español Blas Cabrera, participaron los físicos *Langevin*, *Cotton* y *Bruni*, y los químicos *Lauryn*, *Cohen*, *Bodestain* y *Merie*.

"*La reunión fue organizada por el Instituto de Cooperación Internacional de la Sociedad de Naciones, con la colaboración de las Uniones Internacionales de Física y Química y la discusión versó, principalmente, sobre la definición de "Concentración en las soluciones y mezclas", "Signos de termodinámica", "Equilibrios y velocidad de reacción" y "Conveniencia de tomar como base el hidrógeno en las tablas de pesos atómicos".*

Después, un almuerzo, ofrecido por el ministro de Instrucción Pública, los ha reunido en la Zarzuela" (Diario *El Sol* del 5 de mayo).

Pero volvamos al Auditorio de la Residencia de Estudiantes. Allí, a las cinco de la tarde se inició la cuarta de las sesiones y fue la tarde en la que brilló Don Salvador de Madariaga, uno de nuestros grandes intelectuales.

"Se nos da la cultura como un fenómeno individual. Tener cultura es darse cuenta; es una tendencia, más bien que un estado. De modo que de nadie se puede decir que es un ser ni totalmente inculto ni totalmente culto.

No es evidente que todos los hombres sean capaces de llegar a la cultura. Es posible que existan hombres sin sentido cultural, como los hay sin sentido religioso, sin sentido musical y hasta sin sentido moral.

Cultura individual y cultura nacional. Conviene dar un poco de precisión a la relación que pueda existir entre ambas, porque es evidente que si bien las culturas individuales son elementos indispensables para la formación de las nacionales, la cultura nacional es también un elemento indispensable en la formación de las culturas individuales.

Puede desde luego aventurarse esta idea; que en la época actual, al menos, la relación óptima entre la cultura nacional y las culturas individuales se da en un ambiente de máxima libertad, compatible con la organización nacional.

Precisaré que la libertad, para mí, implica libertad de pensamiento y libertad de acción" (Diario La *Voz* del 5 de mayo).

Un extracto de la intervención de Madariaga apareció, también, recogida en las páginas del número 3 de la revista *Residencia*, correspondiente al mes de mayo de 1933:

"El problema esencial del porvenir de la cultura reside, a mi juicio, en el ajuste de estos tres elementos: cultura individual, cultura nacional y cultura universal.

(...) La humanidad tiene, hoy, una tarea mucho más clara que nunca, y sobre todo los trabajadores del espíritu tienen hoy la tarea de concebir y desarrollar una fe humana, a saber: que el planeta pueda organizarse por los hombres de razón para permitir la vida de todos los hombres sin otras limitaciones a su felicidad que las que impone a cada uno la ley de su propio ser".

Salvador de Madariaga Rojo

El periódico *El Sol* del 5 de mayo incluía una pequeña entradilla que titulaba "Un nuevo miembro francés":

"Desde ayer asiste a las sesiones, y toma parte en ellas, un nuevo miembro francés, el conocido físico M. Paul Langevin, del Colegio de Francia".

Paul Langevin, como el lector seguramente conocerá, era un prestigioso físico que había sido alumno de *Pierre Curie* y amigo íntimo del matrimonio *Curie*. Unos años después de la muerte de *Pierre Curie*, *Paul Langevin* y *Marie Curie* se vieron involucrados en un *affaire* –aireado por la prensa y que ellos siempre negaron– que convulsionó a la sociedad francesa de la época casi tanto como años atrás lo hiciera el caso *Dreyfus*.

Las "Conversaciones" habían alcanzado su tercera jornada.

Siguiendo el orden establecido, el viernes 5 a las once de la mañana *Marie Curie* abrió la sesión. Sería la quinta, de las siete programadas y en ella tendría lugar una de las intervenciones que más expectación había generado. Se trataba, precisamente, de la del recién incorporado, el físico francés *Paul Langevin*, y, a lo que parece, no defraudó a nadie:

"El individuo debe considerarse como parte integrante de un ser colectivo en el que el desarrollo y asociación hacia formas superiores,

siempre más ricas y más complejas, se hace siguiendo la gran ley de la evolución.

(...) La cultura es lo que le permite a cada individuo injerirse lo más posible en la vida colectiva, beneficiarse del tesoro común y contribuir a él en la medida de sus aptitudes y de sus posibilidades interiores.

(...) Tiene que haber tiempo de pensar y también de descansar. Los enemigos de la cultura son el egoísmo y el conformismo. Porque el egoísmo se opone al deber de solidaridad y el conformismo, al deber de la personalidad.

(...) El pueblo tiene gusto por las bellas cosas y eso resulta fácil de desarrollar a través de la educación. Es admirable, en este sentido, la labor de las nuevas escuelas creadas en España por la República.

(...) La ciencia tiene peligros. Son, la extensión cada vez más grande y la especialización.

(...) Los otros peligros lo constituyen la crisis económica y la guerra.

(...) Crear la justicia entre los hombres y entre las naciones es una gran tarea, capaz de levantar la fe y el entusiasmo" (Diario *El Sol* del día 6 de mayo).

Paul Langevin

Tras la intervención del profesor *Langevin* tuvo lugar la del Dr. Marañón. El discurso del polifacético intelectual español –historiador, endocrinólogo, escritor y pensador– "no tuvo desperdicio", como el lector podrá comprobar a continuación:

"El discurso del Sr. García Morente, y la mayor parte de los que han pronunciado otros oradores en esta reunión, dejan entrever el porvenir de la cultura con un sentido pesimista.

No participo de esta opinión. La cultura, cualquiera que sea la definición que le demos, es la más alta expresión del espíritu del hombre y sustituirá y crecerá con el desarrollo de la Humanidad, que está todavía en su adolescencia, y sus pecados son aún pecados de juventud.

Los hombres de hoy, como los de todos los tiempos, padecemos del error de enfoque de creernos el eje de la historia y, cuando vemos que declinan las cosas que nos rodean, creemos que es el mundo y no nosotros lo que va a desaparecer y a cambiar.

(...) La evolución de la cultura a través de la historia se parece a la evolución de los organismos vivos.

(...) La cultura del porvenir será, pues, distinta en sus aspectos e inexorablemente más profunda y más eficaz que la nuestra. Hay, sin embargo, algunos factores muy importantes que condicionarán en parte la cultura futura, factores ligados al desarrollo de los instintos humanos sobre los que podemos discurrir sin grandes temores a errar. Uno es, sin duda, el auge de la civilización mecanicista. Otro, la influencia creciente de las preocupaciones biológicas, sobre todo las que se refieran al cultivo físico del cuerpo.

(...) La rapidez, que es una virtud, engendra su vicio, que es la prisa. Y la prisa, es cierto que ha dañado a la cultura, obligando a los hombres inteligentes a sacrificar la calidad de su producción a cambio de que ésta se difunda en breve tiempo y por todo el ámbito de una humanidad apresurada y mediocre.

(...) Todos estamos conformes en la influencia dañina que tendrían sobre la cultura los regímenes políticos, hoy en auge, atentatorios de la libertad.

(...) Los intelectuales, rectores de la cultura, aunque no creadores de ella, padecen –padecemos – de un pecado, común a todas las aristocracias, que hemos de reconocer en las horas solemnes de la confesión: la vanidad.

(...) Esta vanidad ha disminuido, sin duda, la eficacia de los hombres inteligentes, sobre todo en los últimos años de la historia. De aquí el que sea tan útil, de vez en cuando, que estos hombres inteligentes experimenten la lección fecunda de sentirse humillados por los menos aptos. Si los hombres inteligentes han de orientar al mundo venidero, tendrán que preocuparse cada vez más de predicar con el ejemplo de su conducta tanto como con sus palabras.

(...) La humanidad actual da la impresión de que, al lado de un desarrollo magnífico, con muchas cualidades excelsas de la especie, se han perdido un tanto los valores fundamentales del hombre, los propiamente humanos: aquella tendencia al bien y a la verdad que ha de caracterizar a la jerarquía media de nuestros semejantes. Modificar esto es esencial para influir en la cultura venidera y para mejorarla. Este debe ser el programa para las nuevas generaciones, que han de ser de hombres, en el sentido profundo de la palabra, aun a costa de que disminuya la cantidad y la calidad de los sabios" (Diario *El Sol* del día 6 de mayo).

Gregorio Marañón en una imagen de 1933

Al finalizar la jornada matinal del día 5 todos los asistentes habían intervenido en los debates. Había que ir pensando, pues, en las conclusiones.

Puntualmente, a las cinco de la tarde, *Marie Curie* abrió la sexta sesión, penúltima de las que debían celebrarse. Se trató, en realidad, de un ininterrumpido debate sobre las discusiones que todavía faltaban por desarrollar, antes de llegar a las conclusiones finales.

Marie Curie, tras exponer el programa de las siguientes discusiones, resumió la labor realizada hasta ese momento y ofreció su parecer sobre cada uno de los puntos discutidos:

"Respecto a la crisis de la cultura, he visto con agrado que no todos eran pesimistas.

(...) Un gran laboratorio científico es un medio de cultura universal. Es una gran fuente de satisfacción constatar que, sobre la base del trabajo común, se establece entre los participantes un estado de ánimo favorable a la cultura universal.

(...) Soy de los que piensan que la ciencia tiene una gran belleza. Un sabio en su laboratorio no es solamente un técnico; es también un niño situado en frente de fenómenos naturales que le impresionan como un cuento de hadas. Debemos tener un medio para comunicar este sentimiento al exterior. No debemos dejar creer que todo progreso científico se reduce a mecanismos, máquinas, engranajes, que, de hecho, tienen igualmente su propia belleza. Lo que demuestra que la ciencia no es la cosa abstracta que, muchas veces, se dice.

(...) Es preciso continuar, perseverar en nuestros esfuerzos para lograr una similitud de parecer entre todos los que estamos aquí".

Marie Curie interviniendo ante el Comité de Letras y Artes

"Es indispensable para el futuro de la civilización que la magia de las conquistas de orden científico y de la gloria de las realizaciones técnicas se desarrollen en un conjunto armónico con la aceptación de una doctrina que instituya un régimen de paz y de amistad entre los hombres y las naciones bajo la supremacía universal de la razón y de una moral digna de este nombre"

Marie Curie en "El Porvenir de la Cultura"

Tras varios intervinientes –Madariaga y Unamuno, entre ellos– *Jules Romains* presentó el proyecto de conclusiones que debía ser "aprobado" por los asistentes a la reunión de Madrid.

Como cualquiera podría entender, la estancia en Madrid de tan importante número de nombres vinculados a las diferentes ramas del saber constituía una oportunidad única para que todo tipo de asociaciones científicas y culturales se disputaran su presencia. Por esta razón fueron muchos los actos que, de manera paralela a las Conversaciones, contaron con la participación de tan ilustres visitantes.

Ese fue el caso de la Sociedad Española de Física y Química que aprovechó la presencia en la capital de España de algunos de los más prestigiosos físicos y químicos del momento para celebrar su sesión ordinaria correspondiente al mes de mayo. Tuvo lugar el viernes, día 5, y el anuncio de la convocatoria se pudo leer en el Diario *La Libertad* de ese mismo día:

"Invitados especialmente por la Directiva, honrarán con su presencia este acto los eminentes químicos y físicos madame Curie, E. Cohen, P. Langevin. (...) El acto tendrá lugar en el aula del Instituto Nacional de Física y Química, Serrano 105, a las siete y cuarto de la tarde".

Las "Conversaciones" estaban llegando al final. En la mañana del sábado día 6 tuvo lugar la séptima y última de las sesiones que sobre *"El porvenir de la cultura"* y bajo el auspicio del CICI se habían venido celebrando en la capital de España.

Don Fernando de los Ríos, Ministro de Instrucción Pública y Bellas Artes, saludó a los delegados en nombre del Gobierno de la República Española. El *Heraldo de Madrid* del día 7 de mayo publicaba un extracto de sus palabras:

"Hay grandes dificultades para la cultura. No es la más pequeña de ellas la falta de coordinación entre el saber y el deber. Queremos y debemos conjugar bien "saber" y "deber".

La cultura sin ciencia no es posible. Sin plenitud de derechos no existe. La cultura para España ha sido, es y será siempre una misión altísima que cumplir con gusto".

Tras agradecer la intervención del Ministro, *Marie Curie* hizo hincapié en la necesidad de un acuerdo para alcanzar resultados positivos en esas "Conversaciones" e, inmediatamente, dio paso a las intervenciones de cuantos delegados quisieron intervenir.

Como era preceptivo, todo ellos utilizaron sus turnos de palabra para aprobar o matizar las propuestas finales presentadas, el día anterior, por *Jules Romains*.

Resumo, a continuación, las conclusiones que fueron aprobadas y que, además, lo fueron por aclamación:

Primera: *"El Comité reunido en Madrid cree que el porvenir próximo de la civilización, en todas sus formas, está estrechamente ligado al mantenimiento de la paz general; y que las demás condiciones, particulares o técnicas, dependen de ella".*

Segunda: *"El Comité declara que el porvenir de la cultura, dentro incluso de las unidades nacionales, está eminentemente ligado al desarrollo de los elementos universales que, a su vez, depende de una organización de la Humanidad en comunidad moral y jurídica".*

Tercera: *"Que la cultura nacional no puede ser concebida sino en relación con las culturas nacionales vecinas y con la cultura universal que las abarca todas y que, por consiguiente, el hombre no puede alcanzar la plena cultura sino en virtud de la libertad de los intercambios intelectuales entre hombres, naciones e instituciones".*

Cuarta: *"El Comité declara que las razones que justifican para el individuo las limitaciones de su libertad en el interior del grupo nacional siguen siendo valederas en lo que concierne a los propios países respecto a su conducta respectiva y sus relaciones mutuas.*

Que la civilización universal, en el estado en que se encuentra, no podría desarrollarse, ni siquiera mantenerse, si las naciones no encuentran, en su propio interés, una limitación a la libertad de acción mediante la adaptación de reglas morales y jurídicas que den una significación práctica a la unidad moral y jurídica de la Humanidad, de lo que, según el criterio del Comité, depende el porvenir de la cultura".

Quinta: *"Para proteger la cultura de los peligros que pudieran resultar del egoísmo y del conformismo de los individuos o de los grupos y de la excesiva especialización o de la inhibición de la mayoría de los hombres, el Comité preconiza la organización y la extensión a todos de una educación ampliamente humana, fundada en la iniciación activa de las diversas disciplinas y sobre una orientación progresiva que tenga en cuenta las aptitudes individuales, sin especializaciones prematuras".*

Sexta: *"El Comité opina que, como el porvenir de la cultura está ligado a la suerte de los individuos mejor dotados, es de una importancia capital estudiar los medios de reclutamiento y selección de la juventud destinada a la cultura, con el fin de asegurar el descubrimiento y desarrollo de los talentos naturales"* (*Heraldo de Madrid* del 6 de mayo).

Los miembros del Comité consideraron que, por su importancia, la última de las conclusiones debía ser objeto de un estudio más profundo.

Por último, el Comité describió los condicionantes que, en su opinión, podían afectar al futuro de la cultura:

"El Comité Intelectual declara que, sin participar de los sentimientos pesimistas de los que proclaman la decadencia de la cultura europea, se puede pensar que su porvenir va ligado a ciertas condiciones de las que son de mayor interés las siguientes:

1ª) *El esfuerzo creador de una "élite de espíritus" que impriman a las creaciones del pensamiento humano un valor y una calidad supremos.*

2ª) *La flexibilidad y la diversidad de formas de vida que permitan el libre juego de las iniciativas originales y eviten los peligros de la uniformidad.*

3ª) *Una organización de trabajo que corrija los efectos de la inevitable especialización mediante el sentimiento de la unidad radical en todas las producciones del espíritu"* (Diario *El Sol* del 7 de mayo).

Tras la lectura de las conclusiones y el agradecimiento a todos los presentes por su participación en los debates y el alto nivel de los argumentos empleados, *Marie Curie* clausuró las "Conversaciones de

Madrid" en nombre del CICI y animó a todos a seguir trabajando, en el futuro, por el bien de la cultura y de la ciencia.

Tras la sesión de clausura del Comité de Artes y Letras.
De izda a dcha: Unamuno, Madariaga, Morente, Curie, de los Ríos y Langevin

Si bien la clausura del acto tuvo lugar al mediodía del sábado 6 de mayo, el día 7 fueron radiados desde Ginebra, a través de la estación *Radio-Nations*, algunos mensajes enviados por los principales miembros del Comité de Letras y Artes de la Sociedad de las Naciones.

No puedo precisar si entre ellos se encontraba el de *Marie Curie*. Si así ocurrió, la prensa madrileña no lo recogió. Sí lo hizo, en cambio con los correspondientes a *Paul Valéry* y Miguel de Unamuno.

El discurso del poeta y filósofo francés apareció publicado el domingo 7 en varios periódicos. Lo que sigue es un extracto del mismo, tal y como apareció en el diario *El Sol*:

"La cultura humana se encuentra frente a dos grandes dificultades.

De una parte debemos tratar de unir a la herencia del pasado las nuevas ideas y los nuevos instrumentos que nos dé la ciencia moderna.

Por otra parte tenemos que reconocer las contribuciones aporta-
das por las diferentes naciones y la necesidad de armonizar estas con-
tribuciones, en cuanto sea posible, a la cultura de la raza humana.

Si en el curso de nuestra discusión logramos aproximarnos a cual-
quiera de estas dos metas, nuestra conferencia habrá obtenido un
éxito.

Por lo menos, es seguro que saldrán de Madrid con una alta apre-
ciación de lo que España ha hecho por la Humanidad, y firmemente
convencidos de que hay motivos de esperanza de que las contribucio-
nes españolas a la cultura universal habrán de ser tan importantes en
el futuro como lo fueron en el pasado".

Paul Valéry hacia 1938

Reproduzco a continuación el texto íntegro del discurso radiado de
Don Miguel de Unamuno tal y como apareció en el *Heraldo de Ma-*
drid el día 6 de mayo:

"La reunión del Comité de Letras y Artes de la Sociedad de Nacio-
nes que se está celebrando en Madrid no puede llegar a conclusiones
prácticas sino a algo mejor, a que nos conozcamos mejor los unos a
los otros. Y a que preparemos algo más hondo que la paz, y es un re-
poso que la Humanidad necesita para poder acomodar el consumo
intelectual y espiritual a la producción. Porque la Humanidad civili-

zada sufre de una gran fatiga y de los trastornos psicopáticos que a éstos se siguen.

Estas conversaciones son una especie de descanso en el trabajo mismo, y este esfuerzo por unificar en lo posible nuestros puntos de vista nos lleva a unificarnos cada uno de nosotros.

España, la España de siempre, no puede sino aprovecharse de esta obra de universalización que es más que internacionalización".

Miguel de Unamuno en 1925

Como el lector ha podido ir comprobando, página a página, la prensa madrileña llevó a cabo un minucioso seguimiento del desarrollo de las sesiones. Téngase en cuenta que las citas extraídas de los diarios de la época representan una ínfima parte de los "inmensos ríos de tinta cultural" que en aquella semana discurrió por las redacciones de los periódicos.

Precisamente por ese motivo, el Comité Permanente de Letras y Arte manifestó a los periodistas españoles, por medio de la Secretaría General del Comité, *"su reconocimiento a la actividad desplegada por aquéllos durante las Conversaciones del mismo"* (Diario *La Nación* del 6 de mayo).

Pero, por lo que parece, el reconocimiento no fue mutuo. Efectivamente, a pesar de que el citado Comité mostró su agradecimiento a los profesionales de la prensa escrita, no todos los periodistas se sintieron satisfechos con el trato que recibieron al realizar su trabajo.

Por lo menos, eso es lo que se desprende de la entradilla que, a pie de página, aparecía en el *Heraldo de Madrid* y con la que el diario de la capital de España ponía punto final a la información sobre las reuniones mantenidas en el Auditorio de la Residencia de Estudiantes. Bajo el epígrafe *"Un detalle lamentable"* decía así:

"Queremos señalar por nuestra parte un detalle lamentable en las circunstancias de esta brillante conversación, y queremos hacerlo en nuestra calidad de informadores: la falta absoluta de facilidades y atenciones que han sufrido los periodistas españoles.

Lo ponemos en conocimiento de la Secretaría del Ministerio de Estado así como del Director de la Residencia de Estudiantes, en cuyo Auditórium se ha celebrado la conversación, por si en otra cualquiera ocasión se acuerdan de las deficiencias de esta vez.

Hay que tener en cuenta que los periodistas hemos acudido a la conversación y hemos puesto el entusiasmo en nuestro trabajo para dar el merecido realce a la importante reunión".

ENTRE SESIÓN Y SESIÓN

Ya hice referencia, en la primera parte del libro, a como la organización de actos paralelos a las Reuniones Científicas, sean éstas del tipo que sean, no es un hecho nuevo.

El I Congreso Nacional de Medicina, celebrado en 1919 y al que fue invitada *Marie Curie*, es un ejemplo lejano en el tiempo de lo que quiero expresar.

En este aspecto, las "Conversaciones de Madrid" no fueron ninguna excepción. Las recepciones, comidas, visitas y homenajes se alternaron con las discusiones que se produjeron en el seno de las mismas y que, en última instancia, constituía el motivo que había traído a Madrid a tantas personalidades del mundo de la ciencia y de la cultura.

Aun así, si comparamos este tercer viaje con los dos anteriores que *Marie Curie* había realizado a Madrid, enseguida llama la atención lo apretado del programa académico. Desde luego mucho más denso que en los años 1919 y 1931, en los cuales las conferencias que impartió fueron el objeto principal de los viajes.

En su tercera estancia en Madrid, el primero de los actos "no académicos" tuvo lugar el miércoles 3 de mayo, una vez que el profesor García Morente, Decano de Filosofía y Letras, finalizó su intervención en el Auditorio de la Residencia de Estudiantes.

Terminada esta primera sesión de las Conversaciones de Madrid, el Comité de Letras y Artes ofreció un almuerzo a los participantes en las mismas y en él estuvieron presentes también, según se podía leer en el diario *El Sol* del día 4, "*los ministros D. Luis Zulueta y D. Marcelino Domingo y el ex diputado a Cortes D. Gregorio Marañón*".

Pero el primero de los actos propiamente "lúdicos", a los que *Marie Curie* asistió, se produjo al terminar la sesión vespertina del día 3. Esa noche, los participantes en las Conversaciones de Madrid acudieron al Teatro Español, que se vistió de gala para recibirlos. En honor a ellos, se representó "La vida es sueño" de Calderón de la Barca.

Conociendo a *Marie Curie* y teniendo en cuenta su edad, sus ya mermadas fuerzas y su poca afición a los actos mundanos, no es improbable que tuviera que hacer un esfuerzo importante para acudir a alguno de ellos.

Uno de los titulares que aparecía en el diario *La Voz* del día 3 de mayo estaría directamente relacionado con el comentario anterior. Rezaba así: *"Madame Curie se niega sistemáticamente a toda interviú"*.

Si el titular pudiera parecer crítico –a ningún periodista le gusta perder una exclusiva– el contenido del artículo no lo era en absoluto. Más bien alabancioso, podríamos decir:

"Deseosos de conversar unos minutos con la sabia dama francesa, nos dirigimos al local de la Residencia de Estudiantes, donde se celebran las sesiones. Exponemos nuestro propósito a varias personalidades que están en íntima relación con madame Curie, y bien pronto nos convencemos de lo difícil que va a resultar obtener una entrevista con ella.

(...) Incluso nuestro embajador en Paris se ofrece. El Sr. Madariaga aborda a madame Curie y le expresa nuestro deseo; pero al cabo de breves minutos vuelve a nosotros y nos dice que es inútil que pretendamos conversar con la sabia señora francesa.

(...) Madame Curie, dice el Sr. Madariaga, es refractaria a las interviús; cuando hizo su viaje a los EEUU, los periodistas la abrumaron materialmente y ella, sistemáticamente, se negó en todo momento a hacer declaraciones.

Sólo habla en sus conferencias públicas; dice que ella no interesa a la Humanidad más que como mujer de ciencia; que sus trabajos sobre radiactividad son conocidos de todos y que de otras cosas nada podría decir de interés para sus semejantes.

(...) Madame Curie es una respetable dama; cualquiera que no conociera sus trabajos, sus interesantísimas investigaciones científicas, diría al contemplarla que era una abuelita, la viejecita que llena de poesía y de amor un hogar.

(...) Sentada ante la mesa del salón en que se celebran las "conversaciones" sobre el porvenir de la cultura, madame Curie adquiere todo el relieve que le da su gran personalidad en el mundo de la ciencia.

Ni siquiera un autógrafo hemos podido obtener de ella. No nos lo ha negado por orgullo, sino, precisamente, por modestia.

Sea bienvenida a Madrid, la ilustre dama francesa que con su cooperación contribuirá en alto grado al desarrollo de la Ciencia".

El artículo anterior no deja de ser una prueba más de como *Marie Curie* mantuvo, a lo largo de toda su existencia, una clara separación entre lo que representaba su vida pública y lo que, claramente, constituía su vida privada. Y si alguna vez se permitió romper con este principio lo fue en aras de apoyar su trabajo y su investigación.

Terminada la sesión de la mañana del jueves 4 –alrededor de la una de la tarde– los miembros del Comité Permanente de Letras y Artes junto a los del Comité de Coordinación Científica se trasladaron al Palacio Nacional.

Allí, en la saleta de la planta baja, fueron *"presentados al Presidente de la República, Don Niceto Alcalá Zamora; los primeros por el embajador de España en Paris, Sr. Madariaga, y los últimos por el catedrático D. Blas Cabrera"* (Diario *La Nación* del 4 de mayo).

A continuación, los componentes de ambos Comités se trasladaron a la finca "La Zarzuela", en el Pardo, donde fueron obsequiados con un almuerzo por los ministros de Instrucción Pública y Estado:

"Han asistido a esta comida, también, los Sres. Cabrera, Castillejo, García Morente, Zumaya, Marañón y Moles" (Diario *El Sol* del 5 de Mayo).

Madame Curie con el ministro de Estado y algunos de los asistentes a la excursión a la finca *"La Zarzuela"*

El diario *Ahora* del día 5 de mayo publicó varias instantáneas de la visita a "La Zarzuela" y en dos de ellas podía verse a *Marie Curie* vistiendo de negro –abrigo, gorro, bolso, guantes y zapatos– como, en ella, era habitual.

En la primera de las fotografías –al lado del Ministro de Estado, Don Luis de Zulueta–, la científica francesa aparece mirando al frente aunque da la sensación de que ha sido sorprendida por el fotógrafo. En la otra imagen –junto a la esposa del Ministro de Instrucción Pública–, las dos mujeres parece que están posando pero, mientras la esposa del ministro mira a la cámara, *Marie Curie* desvía la mirada demostrando, una vez más, lo incómoda que parecía sentirse en esas situaciones.

Marie Curie junto a la esposa del
Ministro de Instrucción Pública en
la finca "La Zarzuela"

El viernes 5, finalizada la quinta de las sesiones y después de comer, los participantes en las "Conversaciones de Madrid" realizaron una visita que, estoy seguro, no dejaría a ninguno indiferente. Según el diario *El Sol* del día 6 "*a las tres de la tarde los miembros del Comité de Letras y Artes de la Sociedad de las Naciones visitaron el Museo del Prado*".

Como ya quedó dicho, la clausura de las "Conversaciones" tuvo lugar la jornada del sábado día 6. Tras abandonar el Auditorio de la Residencia de Estudiantes –al filo de la una de la tarde– los miembros del Comité de Letras y Artes fueron recibidos por el Presidente del Gobierno. De esta manera tan escueta aparecía la noticia en el periódico *El Sol* del día 7 de mayo:

"*El presidente del Consejo ha obsequiado hoy con un "cock-tail" en la Presidencia a los miembros del Comité de Artes y Letras de la Sociedad de Naciones. Hicieron los honores, además del Sr. Azaña, el subsecretario de la Presidencia, Sr. Ramos. Entre los asistentes se hallaban los Sres. Unamuno y Marañón*".

Hemos de pensar que *Marie Curie* también asistiría a la recepción. No en vano, había sido la Presidenta de las "Conversaciones".

La tarde del sábado los miembros del Comité la pasaron en San Lorenzo de El Escorial. La noticia pasó prácticamente desapercibida para la mayor parte de los diarios y los que la recogieron no ofrecieron detalles del viaje:

"*A las once se clausurarán las "conversaciones", en su séptima sesión plenaria.*

Luego los miembros del Comité irán a El Escorial, donde visitarán el Monasterio.

Por la noche, nuevamente en Madrid, se celebrará una función de ambiente español en uno de nuestros coliseos" (Diario *La Nación* del día 5 de Mayo).

En un alarde de simplicidad el mismo periódico, en su edición del día 6, indicaba que "*los congresistas han visitado esta tarde El Escorial*". Ninguna pista sobre si *Marie Curie* realizó la visita al Real Monasterio. En caso de haberlo hecho habría sido la segunda vez pues, como el lector recordará, ya había viajado a la sierra madrileña en su segunda visita a Madrid en abril de 1931, junto con su hija pequeña, *Ève*.

Tampoco he encontrado ninguna reseña que pueda aportarnos más luz al respecto de la función a la que, presumiblemente, asistieron los eminentes visitantes la noche del sábado 6 de mayo. Pudo ser a cualquiera de las ofrecidas en alguno de los Teatros que, de manera permanente, funcionaban en la capital de España –Calderón, Zarzuela, Español, Romea, Eslava, Chueca, Comedia, Beatriz, Lara, Ideal, Victoria, Fontalba, María Isabel, Maravillas, Pavón, Muñoz Seca o Cervantes–.

Por las quince palabras con las que el diario *La Nación*, del día 6 de mayo, cerraba la información sobre las "Conversaciones de Madrid" podemos intuir que, los miembros del Comité de Letras y Artes de la Sociedad de las Naciones, pasaron el domingo día 7 en la capital del Tajo:

"Mañana irán a Toledo, donde se celebrará el almuerzo de despedida de las jornadas intelectuales".

No mucha más tinta dedicó *El Sol* del día 7 de mayo para informar del viaje a Toledo:

"Hoy visitarán Toledo, acompañados del crítico de arte y compañero de redacción en "La Voz" señor Vegue y Goldoni".

No existe documentación que nos permita situar a *Marie Curie* en Toledo el domingo 7 de mayo de 1933, o al menos yo no la he encontrado.

Pero si tenemos en cuenta la amistad que unía a la científica francesa con Gregorio Marañón y su esposa, que éstos disponían de una finca en Toledo, que el Dr. Marañón había participado también en las "Conversaciones de Madrid" y que *Marie Curie* se había llevado una gratísima impresión de sus dos visitas anteriores a la Ciudad Imperial –abril de 1919 y abril de 1931; esta última invitada precisamente por el matrimonio Marañón-Moya– no resultaría aventurado suponer que la *dama del radio*, también, visitó Toledo en éste su tercer viaje a España.

EPÍLOGO

Un viaje, cualquiera que sea el motivo, es siempre una aventura. Incluso cuando uno conoce el destino y cree saber lo que en él va a encontrar. Y esto vale también para los viajes científicos.

Ahora bien, si en los viajes de placer, normalmente, el viajero suele ser el que recibe –paisaje, monumentos o gastronomía, por poner algunos ejemplos–, en este otro tipo de viajes el visitante recibe –cariño, homenajes, condecoraciones– pero también da.

Siendo esto así, habría que puntualizar que no todas las salidas al extranjero realizadas por científicos tienen el mismo balance. En el caso concreto de los viajes efectuados por *Marie Curie* creo que se podrían establecer claras diferencias entre algunos de ellos.

Estas diferencias las encontraríamos, por ejemplo, si comparáramos los viajes realizados a EEUU con los viajes realizados a nuestro país.

Marie Curie viajó a EEUU en 1921 y 1929, como el lector seguramente conoce. Durante estos viajes ofreció conferencias e intentó, como siempre, reducir al máximo aquellas apariciones públicas que no tenían una relación directa con su labor investigadora. Éstos serían, por tanto, elementos comunes con los viajes que realizó a nuestro país.

En ambos países le fueron ofrecidas condecoraciones y, en ambos, recibió todo tipo de homenajes. ¿Dónde radica, entonces, la diferencia? Sin duda, en el balance entre lo que dio y lo que recibió.

Nada más lejos de mi intención que hacer una crítica sobre los motivos que llevaron a la investigadora francesa a viajar a Norteamérica en dos ocasiones –recibir un gramo de radio o su equivalente en dólares–. Muy al contrario, aplaudo la decisión y el coraje con los que trabajó y peleó para conseguir el elemento que necesitaba para sus investigaciones y tratamientos médicos. Pero es indudable que en el balance entre lo que dio y lo que recibió, pesó más esto último.

Repito que no se trata de realizar un juicio de intenciones. En todo caso, y únicamente, poner en valor los viajes que *Marie Curie* realizó a España. Porque en ellos "sólo" recibió muestras de cariño y, por supuesto, merecidos homenajes.

Creo, por esta razón, que en los tres viajes que realizó a España la balanza se decantó del lado de lo aportado más que del de lo recibido.

Y esto fue importante –sobre todo en el primero de ellos, en un momento en el que la ciencia española no había alcanzado todavía el desarrollo que lograría años después – porque, de alguna manera, pudo actuar de elemento catalizador para que la sociedad española y sus autoridades se concienciaran, más si cabe, de la importancia de adquirir *radium* para el tratamiento de las enfermedades cancerígenas.

Pero aún hay más. Comentaba, en capítulos precedentes, como las *Conferencias Solvay* habían servido –han servido, puesto que siguen celebrándose– para crear lazos de amistad pero también de cooperación científica entre muchos de los asistentes a las mismas. Pues bien; lo mismo cabría decir de las visitas de *Marie Curie* a España.

A principios de 1907 se puso en marcha en nuestro país un proyecto sumamente innovador que, básicamente, pretendía terminar con el aislamiento español y enlazar con la ciencia y la cultura europeas. Me estoy refiriendo a la creación de la *Junta para la Ampliación de Estudios e Investigaciones Científicas* (JAE), institución que funcionó hasta 1939, año en que fue desmantelada tras la derrota republicana en la Guerra Civil.

Además de conceder becas para estudiar en el extranjero y de crear laboratorios y centros de investigación, la JAE sirvió para poner en contacto a nuestros principales pensadores y científicos con los de otros países, posibilitando el acercamiento de los pueblos a través de la cultura y de la ciencia. Fueron muchos los estudiantes, profesores e investigadores que fueron becados para trabajar tanto en España como en Europa o América.

Su primer presidente, Santiago Ramón y Cajal, desarrolló una política que condujo a la creación de diferentes instituciones, entre ellas la Residencia de Estudiantes, el Instituto Nacional de Ciencias Físico-Naturales y la Residencia de Señoritas –estaba emplazada en el inmueble que hoy ocupa la Fundación Ortega y Gasset y desempeñó un papel muy importante en la vida de muchas de las primeras mujeres que, desde cualquier punto de la geografía española, llegaban a Madrid para cursar estudios universitarios– que permitieron llevar a la práctica los fines de la JAE: renovar la educación y potenciar la investigación en España utilizando para ello recursos públicos.

Muchos de los hombres y mujeres que elevaron el nivel de la ciencia y la cultura españolas hasta el final de la Guerra Civil se formaron en las instituciones creadas por la JAE.

Santiago Ramón y Cajal, José Castillejo (miembro de la CICI en 1933, época en la que *Marie Curie* era la Vicepresidenta de la Comisión), Blas Cabrera, Victoria Kent, Leonardo Torres Quevedo, Severo Ochoa, Francisco Grande Covián, María Zambrano, José Casares Gil, María de Maeztu, Claudio Sánchez Albornoz, José Ortega y Gasset, Maruja Mayo, Rafael Alberti, Josefina Carabias, Antonio Machado, María Moliner, Manuel Azaña, Felisa Martín Bravo y Ramón Menéndez Pidal, son algunos de ellos. Pero la lista sería interminable.

Aunque las invitaciones cursadas a *Marie Curie* para visitar España en las dos primeras ocasiones no partieron exactamente de la JAE, es evidente que obedecían a esa filosofía que la Junta había heredado de la Institución Libre de Enseñanza y que, en definitiva, pretendía preparar al personal encargado de llevar a cabo las reformas que España precisaba en los campos de la ciencia, la cultura y la educación.

Y si la CICI eligió Madrid para celebrar en ella la segunda de las *"Conversaciones"*, y hacerlo además sobre *"El porvenir de la cultura"*, no cabe la menor duda de que lo hizo influida por el compromiso que los distintos Gobiernos de España venían manteniendo con la cultura y la investigación en las tres últimas décadas.

Muestras de respeto –allí por donde pasaba–, homenajes de Sociedades Científicas, nombramientos de Academias e Institutos, la Gran Cruz de Alfonso XII, el título de Huésped de Honor de la República y la Orden de Isabel la Católica.

Grosso modo eso fue lo que *Marie Curie* recibió durante sus visitas a nuestro país. Ciertamente, no fue poco.

En 1919, su presencia en el Primer Congreso Médico Nacional ayudó, sin duda, a la proyección internacional del mismo y a que se conocieran en el extranjero los trabajos de investigación llevados a cabo por algunos de nuestros mejores profesionales. Y algo parecido cabría decir del impulso que para la Electrología y Radiología Médica –incluida la terapia con radio– supuso su presencia en el acto constitutivo de su Real Sociedad.

En 1931, la ciencia española había sabido ganarse su espacio en el contexto internacional y la Academia de Ciencias Exactas, Físicas y Naturales habría seguido gozando de su prestigio aún sin contar entre sus miembros con la investigadora francesa. Pero, no cabe duda, el hecho de que *Marie Curie* aceptara tal distinción supuso, si se me permite la expresión, un "salto de calidad" para la Academia y sus miembros.

El físico Blas Cabrera y el físico-químico Enrique Moles tenían suficiente prestigio internacional y reconocimiento por parte de sus colegas extranjeros como para que la Sociedad Española de Física y Química brillara con luz propia. Pero, la asistencia de la profesora francesa, en los años 1931 y 1933, a sendas sesiones de dicha Sociedad debió suponer un impulso para continuar trabajando en la línea adecuada.

En 1919, *Marie Curie* era una celebridad. Realmente comenzó a serlo en 1903, año en el que recibió el primero de sus Nobel, y ya entonces hubo de seleccionar con "precisión de relojero" los actos a los que asistía, dado el elevadísimo número de invitaciones que recibía. Por esta razón, contar con su presencia siempre era un honor.

Reconocimiento e impulso. Ese podría ser el resumen de lo que *Marie Curie* nos aportó durante el tiempo que permaneció entre nosotros. Reconocimiento hacia nuestra ciencia, y a los esfuerzos que la habían conducido al nivel alcanzado, e impulso para seguir trabajando y lograr metas mayores. Ciertamente, tampoco, fue poco.

Y todo ello no debe hacernos olvidar, quizás, lo más importante: las relaciones y vínculos que se establecieron entre algunos de nuestros más preciados intelectuales y la investigadora francesa.

Florestán Aguilar Rodríguez, Celedonio Calatayud Costa, Blas Cabrera Felipe, Enrique Moles Ormella, Gregorio Marañón Posadillo, Miguel de Unamuno Jugo, Salvador de Madariaga Rojo... Todos ellos establecieron algún tipo de vínculo con *Marie Curie*. En unos casos de colaboración científica –Cabrera y Moles–. En otros de verdadera amistad –Marañón–. Y en todos ellos de profundo respeto.

Residencia de Estudiantes (Colina de los Chopos)

ANEXO I

"Las radiaciones de los radioelementos y la técnica de su empleo"

Resumen de la Conferencia impartida por *Marie Curie*, con ocasión del I Congreso Médico, en la Facultad de Medicina de Madrid el día 22 de abril de 1919:

"***Introducción****.- Desde hace veinte años, aproximadamente, nos son conocidas las propiedades de los radioelementos, y en todo este tiempo su importancia ha ido aumentando sin cesar y de un modo considerable.*

Dichos elementos se hallan, en general, caracterizados por la facultad de emitir espontáneamente, sin excitación exterior, radiaciones de la misma naturaleza que las que se producen en los tubos llamados de Crookes, en los que el gas, reducido a una presión sumamente débil, es atravesado por una corriente eléctrica de alta tensión.

Recordemos que la radiación emitida en un tubo de Crookes está constituida por tres tipos de rayos: los rayos catódicos, los rayos positivos y los rayos Roentgen o rayos X.

Los rayos catódicos son partículas cargadas negativamente denominadas electrones, emitidos por el cátodo con una gran velocidad pues su masa es menos de la milésima parte de la de un átomo de hidrógeno.

Los rayos positivos son átomos, cargados positivamente y provistos de una gran velocidad, dirigidos hacia el cátodo.

Los rayos X son una radiación electromagnética análoga a la luz pero con una longitud de onda de mil a diez mil veces más pequeña que las del espectro visible.

Los rayos catódicos y los rayos positivos no son suficientemente penetrantes para salir de la ampolla del tubo a través de la pared. Son los rayos X los que han encontrado aplicaciones muy importantes en Radiología y Radioterapia.

Fue investigando si la fluorescencia provocada en ciertas substancias por la luz iba acompañada de una emisión de rayos X como Henri Becquerel realizó, en 1896, el descubrimiento de los rayos emitidos por el uranio. Y fue investigando si esta extraña propiedad del uranio se encontraba en otros cuerpos como, yo, llegué a pensar que los mi-

nerales de uranio contenían en pequeñas cantidades substancias que emitían radiaciones más potentes que las del uranio.

Un trabajo considerable realizado por Pierre Curie y yo misma nos permitió separar tales substancias y, en particular, la más importante de ellas: el radio, que es ahora objeto de una fabricación industrial.

El mismo método ha permitido caracterizar muchos otros elementos análogos que han recibido el nombre de radioelementos.

La nueva propiedad de la materia revelada por los radioelementos se denomina radioactividad y constituye el objeto de una ciencia físicoquímica nueva, de amplia extensión y con aplicaciones muy importantes.

Radiación de los Radioelementos.- Los rayos emitidos por los radioelementos forman tres grupos principales, que corresponden exactamente a los tres grupos observados en los tubos de Crookes.

A los rayos de naturaleza corpuscular, los rayos alfa y los rayos beta de los radioelementos. A los rayos X corresponden los rayos gamma, radiación electromagnética de muy corta longitud de onda.

En un campo magnético los rayos alfa y los rayos beta son desviados en sentidos opuestos, mientras que los rayos gamma no sufren desviación.

El modo de manifestarse las propiedades de cada uno de estos rayos depende esencialmente de su poder penetrante que es, en general, más considerable que el de las radiaciones correspondientes en los tubos de Crookes, pero que es muy desigual para los tres grupos de rayos cuando se comparan éstos entre sí.

Toda materia es atravesada por ellos, tanto más fácilmente cuanto menos densa sea.

Los menos penetrantes son los rayos alfa, que no pueden franquear más que algunos centímetros en el aire a la presión atmosférica ordinaria o un espesor equivalente de aluminio, inferior a una décima de milímetros.

Los rayos beta pueden atravesar algunos milímetros de aluminio o de vidrio y se propagan por el aire a mayor distancia que los rayos alfa.

Los rayos gamma pueden ser observados a través de varios centímetros de plomo y atraviesan fácilmente el cuerpo humano.

Cada uno de estos tres grupos puede comprender rayos cuyo poder penetrante varía entre amplios límites.

La propiedad fundamental de estos tres grupos de radiaciones consiste en producir la ionización de las moléculas materiales en estado gaseoso, líquido o sólido.

Esta propiedad es la que determina probablemente todos los efectos de estos rayos, y consiste en desprender un electrón de la molécula sometida a la radiación, dividiendo de este modo la molécula en dos iones con cargas eléctricas de signo contrario.

Los gases ionizados adquieren una conductibilidad eléctrica análoga, en cierta medida, a la de los electrolitos. Esta conductibilidad se aprovecha generalmente para medir la intensidad de la radiación. Así es como un electroscopio cargado conserva su carga cuando el aire que lo rodea se halla en estado normal; pero si el aire se somete a una radiación ionizante, el electroscopio se descarga tanto más rápidamente cuanto más intensa sea la radiación.

Fundados en este principio se han construido aparatos de medida de gran precisión y la exactitud de estas medidas es lo que ha contribuido, principalmente, al rápido desarrollo de la ciencia de la Radioactividad.

Se ha comprobado que, en toda radiación compleja, la energía de la radiación alfa es, en general, mucho más importante que la de la radiación beta, la cual, a su vez, es ordinariamente muy superior a la de la radiación gamma.

Experimentos muy ingeniosos han permitido demostrar que un rayo alfa produce, a lo largo de su transcurso por el aire, un número considerable de iones (unos 200.000), suficiente para producir sobre el electrómetro un efecto medible y que permite contar las partículas alfa que forman dicho rayo. Un rayo beta posee un poder ionizante mucho menor y una energía muy inferior también, en general, a la del rayo alfa.

Cuando los iones son producidos en aire cargado de vapor acuoso sobresaturado, aquellos se rodean de gotitas que, difundiendo la luz, permiten fotografiar el trayecto de los rayos. Las trayectorias son rectilíneas y frecuentemente limitadas en sus bordes para los rayos alfa, fácilmente curvadas y menos destacadas para los rayos beta. En cuanto a los rayos gamma su acción ionizante es un efecto secundario, debido a la producción de rayos beta en su camino.

Los rayos alfa, beta y gamma impresionan las placas fotográficas, como la luz y los rayos X; producen también efectos luminosos y excitan la fluorescencia de diversos cuerpos, tales como el platinocianuro de bario o el sulfuro de cinc. Este último cuerpo, especialmente sensible a los rayos alfa, da origen al fenómeno del centelleo. Observado este fenómeno con la lente, la luminosidad se resuelve en puntos luminosos que aparecen sucesivamente, y cada uno de los cuales es debido al choque de una partícula alfa contra la pantalla fluorescente. Este fenómeno permite contar, también, las partículas alfa.

Los rayos alfa, beta y gamma coloran el vidrio y producen efectos químicos diversos. Pueden, por ejemplo, descomponer el agua en oxígeno e hidrógeno. Desde este punto de vista, los más activos son los rayos alfa.

La energía de los rayos alfa, beta y gamma se manifiesta por un desprendimiento de calor que es especialmente importante para los rayos alfa. A causa de este desprendimiento de calor una sustancia como el radio puede adquirir una temperatura superior en varios grados a la del medio ambiente, a condición de estar bien aislada caloríficamente.

En fin, los tres grupos de radiaciones pueden producir efectos fisiológicos importantes actuando sobre las células animales o vegetales. Esta acción se ejerce de una manera selectiva, según la naturaleza de los tejidos. En esta propiedad se halla fundada la aplicación de estos rayos a la terapéutica, aplicación análoga a la que se hace de los rayos X.

Los Radioelementos.- *Entre los elementos químicos conocidos desde hace tiempo, solamente el uranio y el torio aparecen radioactivos. Los primeros radioelementos nuevos de gran potencia, descubiertos por P. Curie y por mí, son el radio y el polonio. El actinio fue descubierto inmediatamente después por M. Debierne. Más tarde el mesotorio y el "radiotorio" fueron encontrados por Mr. Hahn y, posteriormente, Mr. Boltwood descubrió el "ionio".*

El estudio de las emanaciones radiactivas y de sus depósitos activos ha mostrado, por otra parte, que el número de radioelementos existentes es más considerable de lo que se podría suponer y que estos elementos presentan entre sí relaciones de gran interés.

Así, se ha observado que el radio, el torio y el actinio dan origen a un desprendimiento de gases dotados de radioactividad. Estos gases se denominan "emanaciones". Su radioactividad no es permanente, sino que desaparece progresivamente con el tiempo siguiendo una ley determinada para cada emanación. Así, la emanación del radio encerrado en un tubo de vidrio produce una radiación que se extingue poco a poco, reduciéndose a la mitad por periodos de 3,85 días. Para las emanaciones del torio y del actinio los periodos son mucho más cortos.

Cada una de estas emanaciones posee la propiedad de comunicar una radioactividad temporal a toda pared sólida con que se pone en contacto.

La radioactividad "inducida" de este modo sobre tal pared actúa lo mismo que si fuese debida a un barniz radioactivo depositado por la emanación. Se denomina, por esta razón, "depósito activo".

Cada emanación da origen a un depósito activo peculiar que desaparece en el transcurso del tiempo siguiendo una ley particular para cada emanación.

Así, una lámina de metal, de vidrio o de papel que se ha mantenido en contacto con la emanación del radio dentro de un tubo cerrado manifiesta, después de sacada del tubo, una radiación que se extingue, progresivamente, en algunas horas, mientras que el depósito activo de la emanación del torio requiere varios días para desaparecer.

Estos fenómenos, de apariencia muy compleja, y otros varios que no pueden ser expuestos aquí en detalle, han recibido una interpretación muy satisfactoria dentro de la "teoría de las transformaciones radioactivas" propuesta por los señores Rutherford y Soddy, y hoy día generalmente adoptada.

Según esta teoría, ningún radioelemento es estable; cada uno de ellos se destruye espontáneamente, de tal manera que algunos de sus átomos hacen explosión, dividiéndose en fragmentos que pueden ser proyectados con gran violencia. Así, pues, cada explosión de esta clase determina una transformación atómica.

Los átomos de radio, por ejemplo, se transforman produciendo la emanación del radio al mismo tiempo que emiten rayos alfa. Éstos están constituidos por átomos de helio, provistos de carga positiva, y animados de gran velocidad. La misma teoría se aplica a la transformación de una emanación en depósito activo, habiéndose demostrado que cada uno de estos depósitos activos se compone de varios radioelementos producidos a partir de la emanación de que se trata, por transformaciones sucesivas.

De esta forma, los átomos de los radioelementos nos dan el primer ejemplo de transformaciones atómicas producidas con arreglo a leyes determinadas que no han podido, hasta el presente, ser influidas por esfuerzo alguno de los experimentadores.

Cada radioelemento simple está caracterizado por su "periodo"; es decir, por el lapso de tiempo necesario para que la mitad de sus átomos sufran la transformación.

Los diversos radioelementos están relacionados entre sí por cadenas de filiación. Forman familias a la cabeza de las cuales están, respectivamente, el uranio, el torio, el radio y el actinio. Sin embargo, se ha demostrado que el radio es un descendiente del uranio, de suerte que la familia del radio, que comprende los productos de transformación de este cuerpo, es continuación de la del uranio, formando con ella una sola familia. Es probable que la familia del actinio se relacione de igual modo con la del uranio.

Los elementos primarios son, pues, el uranio y el torio, cuyos periodos se evalúan en más de mil millones de años.

En los minerales de uranio y de torio, los radioelementos de vida más breve resultan de la transformación de dichos elementos primarios y se acumulan en proporción tal que la producción, a partir de la substancia madre, compensa la destrucción.

De este modo, el radio, cuyo periodo es de unos mil seiscientos años, se encuentra, en los minerales antiguos de uranio, en una relación constante con este último cuerpo. A saber, 0,37 gramos de radio por cada tonelada métrica de uranio. Cuando el radio ha sido extraído del mineral, su evolución tiene por efecto acumular en la sal de radio obtenida, la emanación y el depósito activo, hasta llegar a una proporción constante, lo cual ocurre al cabo de un mes aproximadamente.

La determinación del periodo correspondiente a cada uno de los radioelementos de vida muy larga (uranio, torio, radio, etc) puede hacerse contando los rayos alfa correspondientes, pues este dato indica el número de átomos destruidos, en un tiempo dado, en un peso conocido del radioelemento que se estudia.

Los productos finales en la evolución de las familias de los radioelementos son el helio y, muy probablemente, el plomo.

En resumen, se puede contar con un total de unos treinta radioelementos, a los cuales hay que hallar puesto en el cuadro de la clasificación periódica de Mendeleiev. Esto se ha realizado reuniendo en grupos ciertos radioelementos cuya naturaleza química es tan próxima, tan afín, que no se les puede separar cuando están mezclados. De esta suerte, el radio y el mesotorio ocupan el mismo lugar en dicha clasificación periódica. Otro tanto ocurre con el radiotorio y el torio. Todos los radioelementos entran en las dos últimas filas de la clasificación periódica.

Uso de los Radioelementos.- *Resulta de lo expuesto anteriormente que las substancias radioactivas que utilizamos rara vez son simples. Casi siempre son complejas, y lo mismo sucede con sus radiaciones, debidas a la vez al elemento primario y a sus descendientes sucesivos. Esta complejidad, que es preciso tener en cuenta, supone necesariamente una gran variedad en los procedimientos de utilización de las referidas radiaciones, de suerte que se puede prever para el porvenir una técnica tanto más rica cuanto más se avance en este estudio.*

En lo que concierne a las aplicaciones señalaré brevemente, en primer lugar, el empleo del radio y del mesotorio para la preparación de pinturas o barnices luminosos destinados a hacer visibles en la obscuridad cifras, índices, escalas graduadas, etc. El empleo de estos barnices, cuya utilidad es evidente, no se encuentra limitado más que por coste, pero tiende a generalizarse más cada día. El mesotorio, cuyo periodo es de cinco años y medio, puede destinarse a este uso lo mismo que el radio.

La aplicación más importante de los radioelementos es su utilización terapéutica, fundada en los efectos fisiológicos de las radiaciones.

Técnica de la Radioterapia.- *La radioterapia, practicada por medio de los radioelementos, tiene algunas analogías con la que utiliza los rayos X, pero es más variada en sus medios de acción.*

Se puede, como en el caso de los rayos X, emplear los rayos procedentes de una fuente localizada, de manera que la materia radiactiva se halle encerrada en un tubo de vidrio o de metal, o bien extendida, formando barniz sobre una placa. En el primer caso se utilizan los rayos beta y los rayos gamma, o estos últimos solamente. En el segundo caso se utilizan también los rayos alfa.

Pero se puede emplear también la radiación con una distribución más difusa y actuar sobre el organismo por medio de aguas y de gases radioactivos, bajo la forma de lavados, inyecciones o inhalaciones.

Especialistas distinguidos se han consagrado al estudio de la radioterapia, y en diversos países se han fundado Institutos nacionales para centralizar grandes cantidades de radioelementos y poder emplear, éstos, lo mejor posible en beneficio del interés general. Algunos establecimientos de esta clase, tales como el Instituto del Radio en Londres, el Memorial Hospital de Nueva York, etc. disponen de algunos gramos de radio.

Los servicios ya prestados estimulan a nuevos esfuerzos, que no dejarán de realizarse.

Ciertos tratamientos han llegado ya a ser cosa corriente; así ocurre en los casos del lupus, de la úlcera superficial, de las granulaciones en los párpados, etc.

Se obtienen, también, buenos resultados en el tratamiento de la artritis, reumatismos, cicatrices falsas, etc.

Por último, los numerosos éxitos obtenidos en el tratamiento de tumores malignos, ya con la radiación solamente, ya con el concurso de la cirugía, hacen legítimo esperar que las radiaciones de los radioelementos sean un medio de luchar victoriosamente contra el cáncer.

Para esta modalidad tan importante de la terapéutica se hace uso de rayos penetrantes y se procede de modo que se asegure la acción de ellos lo más uniforme posible sobre toda la región interna. Esta es la razón de emplear, en este caso, los rayos gamma, cuyo gran poder penetrante es muy superior al de los rayos X más energéticos. La fuente de radiación puede estar constituida por radio o por mesotorio encerrados en tubitos de vidrio o de metal.

De todos los rayos emitidos se pueden utilizar solamente los más penetrantes, encerrando para ellos los tubitos en estuches de metal muy absorbente; por ejemplo, oro, plomo o platino, que sirven de filtros, pues detienen los rayos menos penetrantes.

Los tubitos, así dispuestos, pueden ser colocados, al operar, en el interior mismo de los tejidos enfermos, o bien pueden también situarse fuera y a cierta distancia. A veces conviene agrupar varios de estos tubitos para aumentar la radiación o procurar su mejor distribución. En todos los casos importa conocer la intensidad de la radiación en *cada porción del tejido enfermo, porque sin esto no es posible obtener resultados comparables entre sí, ni establecer una técnica regular.*

Las medidas de la radiación, convenientemente practicadas, suministran el medio de dar a la radioterapia una precisión muy notable. Las cantidades de materias radioactivas empleadas pueden ser dosificadas exactamente por la medida de su radiación.

De este modo se determina con toda precisión las cantidades de radio contenidas en los tubitos cerrados con que se opera, comparando su radiación con la de tubitos patrones, y en la Oficina Internacional de Pesas y Medidas de París se conserva un "Patrón internacional de radio", por medio del cual se puede lograr la unificación de los patrones nacionales de los diversos países.

El mesotorio contenido en tubos cerrados puede ser también dosificado por el mismo método y su actividad se expresa por su equivalente en miligramos de radio. En varios países existen ya servicios de medidas, adjuntos a los Institutos científicos. En el Instituto del Radio, en París, funciona un servicio de esta clase.

Para la emanación del radio se ha convenido adoptar una unidad especial, que es la emanación acumulada en un gramo de radio en equilibrio. Esta unidad se denomina "curie". La unidad práctica es el "milicurie", es decir la milésima parte del curie.

Para la extracción de la emanación se pone el radio, previamente disuelto, en un aparato conveniente. A intervalos regulares se recoge el gas desprendido por la solución, se purifica dicho gas y se concentra la emanación allí contenida, y cuyo volumen es sumamente pequeño.

Para conseguir esto se utiliza ordinariamente la propiedad que posee la emanación de condensarse a baja temperatura, recogiéndola en un tubo estrecho, cuya extremidad se sumerge en un baño de aire líquido.

De este modo se puede encerrar la emanación en una serie de tubos cortos y muy estrechos, cuyo número depende de las necesidades operatorias, y los cuales son utilizados ya en el servicio central, ya entregándolos a los hospitales o a los médicos que los reclamen.

Por este procedimiento, el radio se conserva sin correr los riesgos que son de temer en la manipulación de una substancia de tanto valor y, al mismo tiempo, hay grandes facilidades para el empleo de dosis prácticas y para adoptar las formas de aplicación que se juzgue más conveniente en cada caso.

El uso de los tubos de emanación está íntimamente relacionado con la organización del servicio de los Institutos centrales, que tienen a su cargo la preparación de aquéllos. Esta preparación es delicada y exige, para realizarla, físicos competentes y hábiles.

Importa también facilitar el empleo de los tubos de emanación, haciendo que vayan acompañados de una hoja que indique, en milicuries, el valor de su radiación en su origen y en el transcurso del tiempo, hasta su extinción.

Durante la guerra, establecí en el Instituto del Radio de París un servicio de tubos de emanación para los hospitales militares y civiles. Este servicio, que funciona desde hace tres años, ha sido el punto de partida para la creación de un servicio nacional, que está a punto de organizarse en París.

Nunca se insistirá bastante en la necesidad de crear Institutos Nacionales de Radioterapia en los que centralizar la documentación científica relativa a las aplicaciones, desde los puntos de vista físico y biológico.

Es lógico esperar, de este modo, progresos mucho más rápidos que los que se obtendrían por esfuerzos aislados, ordinariamente faltos de la coordinación necesaria.

Además de la técnica del empleo de tubos, con la cual se han obtenido ya resultados muy serios, existe otra en la que se utilizan materias radioactivas sólidas, disueltas o gaseosas, extendidas, a una concentración débil, sobre el organismo enfermo.

También han sido practicadas, en ciertos casos, inyecciones, a dosis débiles, de sales de radio insolubles. Para estas inyecciones se emplea el torio X, substancia producida por el radiotorio, que tiene un periodo de 3,6 días. Esta substancia no se acumula en el organismo y se puede consumir sin inconveniente. A dosis elevadas produce en los animales efectos fisiológicos considerables.

Como la emanación del radio es soluble en el agua, se puede preparar agua radioactiva para bebida, para lavados o para baños. El agua radioactiva pierde rápidamente la emanación en cuanto se expone al aire libre; es, pues, muy difícil operar con dosis bien determinadas.

Las fuentes de aguas y gases radioactivos son muy abundantes en la naturaleza, y es posible que las propiedades curativas de ciertas aguas tengan relación con sus propiedades radioactivas. Pero falta todavía documentación precisa a este respecto.

La radioactividad que presentan algunas aguas y gases naturales es debida, generalmente, a la presencia de emanación de radio a muy débil concentración. Tal emanación procede probablemente de minerales situados en las profundidades del terreno y que se hallan sometidos a la acción de las aguas subterráneas.

Fuentes de radioelementos.- Los radioelementos que son objeto de extracción industrial son el radio y el mesotorio. El primero tiene mayor valor porque la duración de su vida es mucho más larga.

Existen muchas fábricas para la extracción de estos cuerpos, especialmente para el radio cuyo precio es de unos 700.000 francos por gramo de radio simple. Los minerales utilizados para la extracción son la "pechblenda" de Bohemia, la "antunita" de Portugal, la "carnotita" de América y otros.

La emanación de radio es objeto de una preparación especial en los laboratorios científicos de los Institutos de Radioactividad o de Radioterapia. Lo mismo acontece con la preparación del torio X en Alemania.

En general, para el desarrollo de la técnica de los radioelementos es indispensable un Instituto Nacional que disponga de medios de acción industriales: un laboratorio de física, un laboratorio industrial que pueda operar sobre algunos centenares de kilogramos de materias primas, un laboratorio de biología y una sección de terapéutica.

Se puede intentar la explotación de las aguas y gases naturales para la extracción industrial de la emanación. Las mediciones hechas con este objeto prueban que el "suministro diario" que podría llegar a obtenerse en ciertos casos alcanzaría a algunos cientos de milicuries, dato muy interesante desde el punto de vista médico. Pero la concentración de la emanación en las aguas y gases naturales suele ser muy débil, de suerte que han de encontrarse dificultades para lograr una explotación económica.

De todos modos, es de gran importancia reunir en cada país una documentación científica completa relativa a los recursos naturales de los mismos en minerales, en aguas y en gases radioactivos, con vistas a su aprovechamiento para el bien general".

Fuentes:

1. *Papiers Curie.- Marie Curie. Conférences à caractère scientifique 1917-1931. Manuscrits autographes, dactylographies et épreuves corrigées. "Les Radiations des radioéléments et la technique de leur emploi" (Conférence faite au Congrès de Médecine de Madrid, 22 avril 1919).*

2. Diario *El Sol.* Madrid, lunes 26 de mayo de 1919. Número extraordinario dedicado al primer Congreso Nacional de Medicina. "Las Radiaciones de los radio-elementos y la técnica de su empleo" (Conferencia pronunciada en el Congreso de Medicina de Madrid, el día 22 de abril de 1919, por *Mme. Curie*).

ANEXO II

"La radioactividad y la evolución de la ciencia"

Resumen de la conferencia que organizada por la "Sociedad de Cursos y Conferencias" impartió *Marie Curie* en la Residencia de Estudiantes el 23 de abril de 1931:

"El descubrimiento de la radioactividad, en 1896, por Henri Becquerel, y más tarde de los radioelementos muy activos, como el radio, marcan una época en la historia de la ciencia, ya que las investigaciones radioactivas han desempeñado un papel fundamental en la evolución científica moderna.

Con relación a la física y la química de la época en que fueron descubiertos, los fenómenos radioactivos constituían una novedad fundamental, puesto que las leyes que aquellas estudiaban se referían casi exclusivamente a relaciones externas, mientras que la radioactividad representaba una propiedad atómica por excelencia.

La característica principal de las substancias radioactivas, a la cual deben su descubrimiento, es la propiedad que tienen de emitir continuamente radiaciones, invisibles para nuestra vista pero productoras de diversos efectos, bien perceptibles, tales como el ennegrecimiento de las placas fotográficas, la fluorescencia de ciertas substancias, el poder de hacer conductor el aire (esto explica que los cuerpos radioactivos descarguen los cuerpos electrizados situados en sus cercanías) y, en fin, la producción continua de calor.

Todos estos efectos son debidos a que las substancias radioactivas emiten tres clases de radiaciones denominadas α, β y γ; los rayos α y β son de naturaleza corpuscular, mientras que los rayos γ son de naturaleza ondulatoria, al igual que la luz ordinaria o los rayos X.

El estudio preciso de estas radiaciones ha permitido demostrar que los rayos α son, en realidad, átomos de helio que transportan dos cargas eléctricas positivas y que son expulsados del interior del átomo con una velocidad de 10 a 20.000 kilómetros por segundo. En cambio los rayos β están constituidos por corpúsculos de electricidad negativa, o electrones, expulsados por los átomos radioactivos con velocidades iniciales superiores a 100.000 kilómetros por segundo.

Tanto los rayos α como los β son absorbidos por la materia, pero en muy diverso grado, pues mientras a los primeros se los caracteriza por su recorrido en el aire (expresado en centímetros, a la presión de 1 atm y a 0°), los rayos β se definen por el espesor de aluminio que necesitan atravesar para reducir su intensidad a la mitad. En definitiva, los rayos alfa y beta pueden ser asimilados a diminutos proyectiles, que los átomos radioactivos lanzan en su desintegración.

Otro carácter distintivo de los fenómenos radioactivos es la imposibilidad de modificarlos en lo más mínimo por la acción de cualquier agente físico. Ello induce a pensar que la radioactividad debe tener por base la región más interna del átomo, es decir, el núcleo. En resumen, el estudio de los fenómenos radioactivos ha permitido profundizar en la estructura del átomo, el cual puede imaginarse como un minúsculo sistema planetario compuesto de un núcleo central cargado positivamente y de un cierto número de electrones exteriores girando en derredor.

La radioactividad ha puesto, por primera vez, en evidencia que los núcleos atómicos deben poseer una cierta estructura y que para mantener unidos sus constituyentes serán necesarias fuerzas potentísimas.

Pero los núcleos no forman un mundo estático sino que su equilibrio es de carácter dinámico y de tal naturaleza que, al ser perturbado en los átomos radioactivos, el núcleo se rompe con expulsión de fragmentos animados de enormes velocidades (partículas α y β).

Por otra parte, el estudio de la radiación γ ha suministrado algunas nociones sobre la estructura del núcleo atómico cuyos constituyentes no están reunidos al azar dentro de éste, sino que indudablemente forman grupos parciales (núcleos y átomos de helio), siendo además muy probable que los distintos grupos estén distribuidos de modo semejante a como lo están los electrones periféricos del átomo.

Dejando de lado los dos elementos ligeros potasio y rubidio, que acusan una radioactividad muy débil, resulta que los fenómenos radioactivos solo aparecen en un cierto número de elementos pesados, cuya masa atómica es superior a 200.

Todas las substancias radioactivas proceden de dos elementos, el uranio y el torio. En número de 40, se agrupan en tres familias distintas, dos de las cuales, la del uranio-radio y la del actinio, proceden de un tronco común (el uranio).

El comportamiento químico de ciertas substancias radioactivas es sorprendente ya que, aun diferenciándose en sus masas atómicas y desde luego en sus características radioactivas, son inseparables por vía química. Así, el ionio mezclado con el torio es imposible separarlo de este último. Pero el ejemplo más interesante, en este aspecto, es el de los tres productos finales de desintegración de las tres familias radioactivas ya mencionadas; estos tres elementos son iguales entre sí, desde el punto de vista químico, e indiferenciables también del plomo ordinario.

Este resultado constituye el primer ejemplo conocido de isotopía, fenómeno que consiste en que elementos químicos de masas diferentes pueden tener propiedades químicas casi idénticas, ocupando, por consiguiente, el mismo lugar en la clasificación periódica de los elementos. Las interesantes investigaciones de Aston, llevadas a cabo con su espectrógrafo de masas, han demostrado, sin embargo, que el fenómeno de la isotopía no es privativo de las substancias radioactivas, sino que se presenta también en los elementos ordinarios.

Ya queda dicho que la radioactividad aparece casi exclusivamente en los elementos más pesados; esto evidencia una cierta inestabilidad de los átomos a medida que crece su masa atómica y explica por qué los átomos pesados, como el uranio, no pueden existir largo tiempo sin descomponerse.

La desintegración de las substancias radioactivas da origen, según hemos visto, a ciertas radiaciones, dos de las cuales (la α y β) son de naturaleza corpuscular y pueden compararse a diminutos proyectiles de gran potencia. Se comprende que estos proyectiles al chocar con átomos ligeros provoquen la descomposición de estos últimos.

Desde el punto de vista de su eficacia los rayos α, aun poseyendo velocidades menores que los rayos β, son más enérgicos que estos en su acción, y ello por la gran diferencia de masas que existe entre ambos.

El primer ejemplo de desintegración atómica conseguida por este medio fue el realizado por Rutherford quien, bombardeando nitrógeno con partículas α emitidas por el radio C, logró demostrar que los rayos de hidrógeno, animados de gran velocidad, producidos en la experiencia, eran debidos a la descomposición del nitrógeno.

Los análisis cuidadosos de numerosas rocas de la corteza terrestre han demostrado que los radioelementos están muy extendidos en la naturaleza y, asimismo, que la cantidad de uranio y radio existente en las rocas es bastante mayor que lo que a primera vista pudiera creerse.

Por otra parte, el radio existente en las rocas bastaría para compensar todo el calor que la Tierra pierde por radiación. Esto podría aplicarse, con toda probabilidad, al Sol y a los demás astros; es de advertir, sin embargo, que las pérdidas de calor experimentadas por el Sol difícilmente pueden ser compensadas por la presencia de radio, pues para ello sería necesario que una gran parte de la masa del Sol estuviera constituida por uranio, cosa muy poco probable según los datos que poseemos merced al espectroscopio.

Puesto que las substancias radioactivas se caracterizan por la emisión de radiaciones muy penetrantes que, entre otros efectos, producen la ionización del aire, se comprende que los radioelementos puedan desempeñar un papel importante en el estado eléctrico de la atmósfera y en los fenómenos meteorológicos.

Ya quedó dicho anteriormente que los términos finales de las tres familias radioactivas son elementos cuyas propiedades químicas resultan casi idénticas a las del plomo ordinario; ahora bien, la presencia de substancias radioactivas en ciertos minerales, hará posible calcular la edad de estos últimos y ello merced a la cantidad de plomo que se haya ido acumulando en virtud de las transformaciones radioactivas. Así, suponiendo que las mismas causas actuales son las que existían hace 5.280 millones de años (período de tiempo necesario para que un peso determinado de uranio se reduzca a la mitad), las cantidades de uranio y radio serían en dicha época dobles de las actuales; pero como la pechblenda de Joachimsthal tiene ahora una riqueza en uranio del 50 por 100, este mineral no ha podido existir, bajo su forma presente, un período de tiempo superior al mencionado.

Razonando de manera análoga para el caso del uranio y plomo, resultará que una vez conocida la relación entre las cantidades de ambos elementos, existentes en un mineral, podrá calcularse la edad de este último.

Finalmente, es verosímil que los radioelementos puedan intervenir en la evolución biológica sobre la superficie de la Tierra".

Fuente: *Residencia*, Revista de la Residencia de Estudiantes, número de abril de 1932.

ANEXO III

"La más preciosa sabia vital", por *Marie Curie*.

En junio de 1926, *Marie Curie*, en su carácter de miembro de la Comisión de Cooperación Intelectual –organismo dependiente de la Sociedad de Naciones– presentó una memoria sobre la cuestión de las becas internacionales para el progreso de las ciencias.

Lo que sigue a continuación es el preámbulo de la misma y, a pesar de haber transcurrido casi un siglo desde que fue escrito, sigue teniendo plena vigencia, como el lector podrá comprobar:

"No voy a decir sino pocas palabras sobre una profesión de fe en la importancia que la ciencia tiene para la humanidad.

Aunque esta importancia haya sido objeto de controversias y aunque, en la amargura del desaliento, se haya podido hablar a veces del "fracaso de la ciencia", ello se debe a que el esfuerzo que la humanidad hace por ver cumplidas sus mejores aspiraciones es imperfecto –como todo lo humano– y a que las fuerzas del egoísmo nacional y de la regresión social desvían a veces ese esfuerzo en mitad del camino.

Pero gracias a él, gracias a la gana cotidiana de mayores conquistas de la ciencia, la humanidad se ha elevado al lugar que ocupa en la tierra y sigue luchando ahora por un mayor poderío y un mayor bienestar.

En esta Comisión debemos hacer como los que se inclinan con Rodin ante el pensador y su laborioso esfuerzo y los que creen con Pasteur, irrefutablemente, "que la ciencia y la paz triunfarán sobre la ignorancia y la guerra".

Si el estado de ánimo de los intelectuales de muchos países, tal como lo revelara la reciente guerra, resulta a menudo de un nivel inferior al de la masa menos cultivada, es que en toda fuerza hay siempre un peligro cuando ésta no se halla disciplinada y canalizada hacia fines superiores, los únicos dignos de ella.

No hay ni puede haber iniciativas más importantes que las que tienden a crear lazos internacionales entre los elementos pensantes más activos de la humanidad y especialmente entre los jóvenes, de los que depende el porvenir del mundo.

Nadie me negará, creo, que hasta en los países más democráticos, la organización social actual sigue concediendo privilegios a la fortuna y que los caminos que llevan a la enseñanza superior, plenamente abiertos a los hijos de familias que se encuentran en posición desahogada, siguen siendo de difícil acceso para los que vienen de hogares modestos.

Cada nación pierde así todos los años gran parte de su mejor savia vital.

Pero mientras una reforma de la enseñanza no pone remedio definitivo a esta situación, la acción democrática ha consistido hasta ahora en diversos países en la aplicación de un remedio parcial, como es la creación de bolsas de estudio o becas oficiales gracias a las que cada uno de esos países puede recuperar para la enseñanza superior algunos de esos elementos que se corre el riesgo de perder.

No viene al caso ocuparse aquí de esas empresas de rescate nacional, dignas de mayor elogio aunque resulten insuficientes. Queremos hablar en cambio del caso de los que han terminado sus estudios superiores, venciendo las dificultades consiguientes, pero que se encuentran con el mismo problema cuando quieren seguir luego estudios de un carácter más personal.

En esta época post-universitaria de su vida, los estudiantes tentados por la ciencia deben hacer frente a necesidades imperiosas. En la mayor parte de los casos, la familia ha hecho todo lo que podía por llevar al joven o la chica a esa etapa de sus estudios y, no pudiendo hacer ya más sacrificios, les pide que se basten a sí mismos.

Y aún en las familias de posición desahogada, el deseo de seguir estudios muy avanzados puede chocar con una falta de comprensión que los califique de lujo o de fantasía injustificada.

Pero, ¿cuál es en este sentido el interés de la sociedad? ¿No debe ésta favorecer el florecimiento de la vocación científica? ¿Es tanta su riqueza de talento como para que pueda permitirse el lujo de rechazar a los que vienen a ofrecerse?

Mi experiencia me dice más bien que el conjunto de aptitudes exigidas por una verdadera vocación científica es una cosa infinitamente preciosa y delicada, un tesoro excepcional que resulta absurdo y criminal tirar por la borda en vez de seguir solícitamente sus pasos y darle todas las oportunidades posibles de florecimiento.

Basta enumerar algunas de las condiciones de las que dependerá finalmente el éxito de quienes aspiren a la investigación científica independiente.

Como cualidades intelectuales, una inteligencia capaz de aprender y comprender, un juicio firme al valorar argumentos teóricos o experimentales y una imaginación capaz de esfuerzo creador.

Las facultades morales, no menos importantes que las intelectuales, deben ser la perseverancia, la asiduidad y, por encima de todo, esa pasión desinteresada que orienta al neófito por un camino en que, la mayor parte de las veces, no podrá esperar nunca ventajas materiales comparables a las que ofrecen las carreras industriales o comerciales.

La protección de las vocaciones científicas es, de este modo, un deber sagrado para toda sociedad celosa de su porvenir, y me complazco en reconocer que la opinión pública parece irse dando cada vez más cuenta de ello".

Fuente: *El Correo de la UNESCO* –Publicación mensual de la Organización de las Naciones Unidas para la Educación, la Ciencia y la Cultura– , Octubre de 1967, Año XX.

BIBLIOGRAFÍA

Libros y artículos

Bailey Ogilvie, Marilyn.- *Marie Curie*.- Una biografía. *Greenwood Press*, 2004. Traducción Patricio Barros. www.librosmaravillosos.com

Bibliothèque Nationale de France.- *Correspondance entre Marie Curie, Irène Curie, Ève Curie et Frédéric Joliot* (*Janvier 1915-mai 1934*).

Bibliothèque Nationale de France.- *Documents concernant le Comité de Coopération Intellectuelle de la Societé des Nations.* 1922-1933 (*Conférence sur l'Avenir de la Culture. Madrid, mai 1933*).

Bibliothèque Nationale de France.- *Marie Curie: Conférences à caractère Scientifique. 1917-1931* (*"Les Radiations des Radioéléments et la technique de leur emploi". Conférence faite au Congrès de Médecine de Madrid, 22 avril 1919*).

Bibliothèque Nationale de France.- *Marie Curie: Conférences à caractère Scientifique. 1917-1931* (*Conférences faites à Madrid, Avril 1931*).

Bibliothèque Nationale de France.- *Marie Curie: Voyages et conférences. 1911-1931* (*Voyage en Espagne, 1931*).

Calvo Pérez, Eloy.- Entre átomos y fotones: Física y Radiología en el Periodo de Entreguerras. Amazon, 2017. ISBN: 9781973391937.

Calvo Pérez, Eloy.- Historias de la Radiología: De *Roentgen* a la Gran Guerra. Amazon, 2017. ISBN: 9781520814544.

Calvo Pérez, Eloy.- Yo fui *Pierre Curie*: Mis dos vidas. Amazon, 2018. ISBN: 9781980890508.

Curie, Ève.- La vida heroica de *Marie Curie*, descubridora del radio, contada por su hija. Madrid. Espasa Calpe, 1981.

López Gómez, José Manuel.- Participación catalana en el I Congreso Nacional de Medicina (Madrid, Abril-1919). Gimbernat 1996, 26 páginas 145-155.

Mans, Claudi.- *Marie Curie*, química física. Revista de la Asociación Nacional de Químicos de España, Qei, nº 601 junio-agosto 2012.

Real Academia de Ciencias Exactas, Físicas y Naturales.- Ceremonia de entrega al Profesor *Pierre Joliot-Curie*, nieto de *Maria Sklodowska-Curie*, del Diploma acreditativo de su abuela como Académica Correspondiente Extranjera de la Real Academia de Ciencias Exactas, Físicas y Naturales. 16/01/2013. Presentación: Alberto Galindo Tixaire.

Residencia.- Revista de la Residencia de Estudiantes. Vol. III, Núm. 2. Madrid, Abril 1932.

Valderrama, Fernando.- La Unesco y la Educación: Antecedentes y Desarrollo.

Periódicos y revistas de 1919

El Correo Español.- 21, 23 y 25 de abril.

El Día.- 20, 25 y 26 de abril.

El Fígaro.- 21, 23, 25, 26 y 27 de abril.

El Imparcial.- 23 y 27 de abril.

El Liberal.- 21, 22, 23 y 25 de abril.

El Siglo Futuro.- 23 de abril.

El Sol.- 21, 22, 23, 24, 25, 26 y 27 de abril.

España Médica.- 20 de abril; 1 y 10 de mayo.

Heraldo de Madrid.- 22 y 26 de abril.

La Acción.- 20, 22, 23, 25 y 26 de abril.

La Correspondencia de España.- 21, 22, 23, 27 y 28 de abril.

La Época.- 20, 22, 25, 26 y 27 de abril.

La Hormiga de Oro.- 26 de abril.

La Ilustración española y americana.- 22 de abril.

La Mañana.- 21, 23 y 27 de abril.

Mundo Gráfico.- 30 de abril.

Periódicos y revistas de 1931

Ahora.- 22, 23, 24, 25, 28 y 29 de abril; 3 de mayo.

El Imparcial.- 23, 25 y 29 de abril.

El Liberal.- 26 y 28 de abril; 2 de mayo.

El Sol.- 24, 25, 26, 28 y 29 de abril; 2, 3 y 5 de mayo.

España Médica.- 1 de mayo.

Heraldo de Madrid.- 22, 24, 25, 27 y 29 de abril; 4 de mayo.

La Correspondencia Militar.- 28 de abril.

La Época.- 22, 24 y 25 de abril.

La Libertad.- 23 y 29 de abril; 2 y 3 de mayo.

La Nación.- 21, 24, 25 y 27 de abril.

La Voz.- 24, 27 y 29 de abril; 4 de mayo.

La Tierra.- 29 de abril.

Mundo Gráfico.- 1 de mayo.

Periódicos y revistas de 1933

Ahora.- 4, 5 y 7 de mayo.

El Imparcial.- 3, 4 y 5 de mayo.

El Sol.- 3, 4, 5, 6 y 7 de mayo.

Heraldo de Madrid.- 3, 4, 5 y 6 de mayo.

La Época.- 3 y 4 de mayo.

La Libertad.- 4 y 6 de mayo.

La Nación.- 3, 4, 5 y 6 de mayo.

La Voz.- 3, 4 y 5 de mayo.

Luz.- 4 de mayo.

Residencia.- Número 3, mayo de 1933.

Otros periódicos y revistas

Residencia.- Revista de la Residencia de Estudiantes. Número 2, abril de 1932.

El Correo de la UNESCO.- Publicación mensual de la UNESCO. Paris, octubre de 1967. Año XX.

Páginas WEB

https://www.agenciasinc.es/ (Divulgación científica).

https://commons.wikimedia.org/ (Enciclopedia Audiovisual Libre).

http://www.cronistasoficiales.com/ (Real Asociación Española de Cronistas Oficiales).

https://cuentos-cuanticos.com/ (Divulgación científica).

https://es.wikipedia.org/ (Enciclopedia Libre).

http://fisica.residencia.csic.es/ (Residencia de Estudiantes).

http://gallica.bnf.fr/ (Fondo Digital de la *Bibliothèque Nationale de France*).

http://hemeroteca.abc.es/ (Hemeroteca de *ABC*).

http://hemerotecadigital.bne.es (Hemeroteca digital de la Biblioteca Nacional de España).

http://www.ideal.es/hemerotecadegranada/ (Diario de información general).

https://institut-curie.org/ (Instituto Curie de Paris).

http://www.jae2010.csic.es/ (Junta de Ampliación de Estudios).

https://laletradelaciencia.es/ (Divulgación Científica).

http://www.quimicaysociedad.org/ (Divulgación Científica).

http://www.residencia.csic.es/ (Residencia de Estudiantes).

https://triplenlace.com/ (Divulgación Científica y Tecnológica).

http://www.unesco.org/ (UNESCO).

FOTOGRAFÍAS

Portada. Composición del autor que incluye una fotografía de *Marie Curie* realizada hacia 1920 por *Henri Manuel*. Dominio Público.

1. *Pierre* y *Marie Curie* en una foto de estudio en 1903. Fuente: *Wikimedia Commons*. Dominio Público.

2. *Marie* al volante de una de sus "*Petites Curies*". Fuente: *Wikimedia Commons*. Dominio Público.

3. *Marie Curie* pocos meses antes de fallecer (1934). Fuente: *Wikimedia Commons*. Dominio Público.

4. Florestán Aguilar Rodríguez. Fuente: Real Academia Nacional de Medicina de España.

5. Doctor Celedonio Calatayud. Fuente: *Wikimedia Commons*. Dominio Público.

6. a) Enfrentamientos durante la Huelga de la Canadiense; b) Manifestación tras el final de la Huelga. Fuente: CNT-AIT.

7. *Marie Curie* hacia 1920. Autor: *Henri Manuel*. Fuente: *Wikimedia Commons*. Dominio Público.

8. *Mme. Curie* junto a Alfonso XIII en la inauguración del Primer Congreso Nacional de Medicina. Foto: Vidal. Fuente: Revista *La Hormiga de Oro* del 26/04/1919.

9. Alfonso XIII en la inauguración de la Exposición en el Retiro. Foto: Pío. Fuente: Diario *La Mañana* del 21/04/1919.

10. a) Inauguración del I Congreso Nacional de Medicina en el Teatro Real de Madrid en 1919. Fuente: Portada de *ABC* del 21/04/1919. Derechos: Hemeroteca de *ABC*; b) *Marie Curie*, junto a la Reina Doña María Cristina, tras la conferencia que impartió en el anfiteatro de la antigua Facultad de Medicina de Madrid. Fuente: Portada de *ABC* del 23/04/1919. Derechos: Hemeroteca de *ABC*.

11. *Marie Curie* tras su conferencia en la Facultad de Medicina. Foto: Alfonso. Fuente: Revista *Mundo Gráfico* del 30/04/1919.

12. Algunos congresistas en la Casa del Greco durante la visita a Toledo. Foto: Martínez. Fuente: Revista *Mundo Gráfico* del 30/04/1919.

13. *Marie* e *Irène Curie* en el té ofrecido por el Dr. Aguilar a los asistentes al Primer Congreso Médico. Foto: Salazar. Fuente: Revista *Mundo Gráfico* del 30/04/1919.

14. Asistentes al banquete en el Ideal Retiro en honor del Dr. Aguilar. Foto: Salazar. Fuente: Revista *Mundo Gráfico* del 30/04/1919.

15. Visita de *Marie Curie* al Instituto Radiológico del Dr. Calatayud. Fuente: *Wikimedia Commons*. Dominio Público.

16. Celedonio Calatayud entrega a *Marie Curie* el nombramiento como socia de honor de la Sociedad Española de Electrología y Radiología Médicas. Foto: Alfonso. Fuentes: Diario *El Heraldo de Madrid* del 26/04/1919 y Revista *España Médica* del 01/05/1919.

17. Emblema y Placa de la desparecida Orden Civil de Alfonso XII. Foto: Heralder. Fuente: http://www.blasoneshispanos.com. Licencia *CC BY-SA 3*.0

18. Sesión de clausura del Congreso Nacional de Medicina en el Teatro del Centro presidida por el Ministro de la Gobernación. Foto: Cortés. Fuente: Revista *Mundo Gráfico* del 30/04/1919.

19. Alfonso XIII junto a *Marie Curie*, su hija *Irène* y Celedonio Calatayud. Autor: Ángeles Calatayud. Fuente: *Wikimedia Commons*. Dominio Público.

20. Portada de *ABC* del día 30 de abril de 1919. Derechos: Hemeroteca de *ABC*.

21. Blas Cabrera Felipe. Fuente: https://biografíasyvidas.com.

22. Portada del diario *La Voz* el día de la proclamación de la 2ª República (14/04/1931). Fuente: Diario *La Voz*.

23. Proclamación de la Segunda República (1931) en la Plaza Sant Jaume de Barcelona. Autor: Josep María Sagarra. Fuente: Banda Municipal de Barcelona. Licencia *CC BY-SA 3.0*

24. *Marie Curie* en la Residencia de Señoritas. Fuente: Diario *Ahora* (23/04/1931).

25. *Marie Curie* en la puerta de la Residencia de Señoritas antes de dirigirse a la casa de Blas Cabrera. Fuente: Diario *Ahora* (23/04/1931).

26. *Marie Curie* en su habitación de la Residencia de Señoritas en 1931. Fuente: *Residencia* (Revista de la Residencia de Estudiantes). 1932, nº 2.

27. Tarjeta anunciadora de la Conferencia ofrecida por *Marie Curie* en la Residencia de Estudiantes. Fuente: Mètode, Revista de Difusión de la Investigación de la Universidad de Valencia. Derechos: Residencia de Estudiantes.

28. Blas Cabrera con *Marie Curie* el día de la Conferencia en la Residencia de Estudiantes. Fuente: cienciadeacogida.org.

29. Caricatura de *Marie Curie* en su segundo viaje a España en 1931. Fuente: *ABC*. Derechos: Hemeroteca de *ABC*.

30. *Marie* y *Ève Curie* en la Residencia de Estudiantes. Fuente: Residencia (Revista de la Residencia de Estudiantes). 1932, nº 2.

31. Gregorio Marañón en enero de 1931. Fuente: Revista Caras y Caretas 17/01/1931. Dominio Público.

32. *Marie Curie* y su hija *Ève* en la Alhambra en 1931. Foto: Torres Molina. Fuente: Archivo de *ABC*.

33. Escultura de *Marie Curie* realizada por Miguel Barranco. Parque de las Ciencias de Granada. Fuente: Instituto Andaluz del Patrimonio Histórico. Consejería de Cultura de la Junta de Andalucía.

34. Dibujo de *Marie Curie*. Fuente: Revista *España Médica* del 01/05/1931.

35. *Marie Curie* y su hija *Ève* durante su paso por la Ciudad Condal en 1931. Fuente: Qei, Revista de la Asociación Nacional de Químicos de España, n° 601, junio-agosto de 2012.

36. Asamblea General de la Sociedad de Naciones, Ginebra 1932. Fuente: *El Periódico de Aragón*. Derechos: *El Periódico*.

37. Algunos de los participantes en las Conversaciones sobre "El Porvenir de la Cultura". Fuente: Diario *El Sol* (03/05/1933).

38. Luis de Zulueta Escolano en 1932. Fuente: http://gallica.bnf.fr/ Dominio Público.

39. *Marie Curie* junto al Ministro de Estado y otras personalidades el día de la inauguración de las Conversaciones de Madrid. Foto: Alfonso. Fuente: Diario *El Sol* del 04/05/1933.

40. Manuel García Morente. Fuente: https://religionenlibertad.com.

41. *Jules Romains* (*Louis Henri Jean Farigoule*). Fuente: Biblioteca del Congreso de Estados Unidos. Dominio Público.

42. *Edwin Francis Gay*. Fuente: https://archive.org. Dominio Público.

43. Salvador de Madariaga Rojo. Fuente: *Wikimedia Commons*. Dominio Público.

44. *Paul Langevin*. Fuente: *Wikimedia Commons*. Dominio Público.

45. Gregorio Marañón en una imagen de 1933. Foto: Alfonso. Fuente: https://elpais.com.

46. *Marie Curie* interviniendo ante el Comité de Letras y Artes. Fuente: Revista *Residencia* de mayo de 1933.

47. Palabras de *Marie Curie* en las Conversaciones sobre "El Porvenir de la Cultura". Fuente: Autor. Dominio Público.

48. Tras la sesión de clausura del Comité de Artes y Letras (Unamuno, Madariaga, Morente, *Curie*, de los Ríos y *Langevin*). Fuente: JAE.

49. *Paul Valéry* hacia 1938. Fuente:www.culture.gouv.fr. Dominio Público.

50. Miguel de Unamuno en 1925. Fuente: *Bibliothèque Nationale de France*. Dominio Público.

51. *Marie Curie* con el Ministro de Estado y alguno de los asistentes a la excursión a la finca "La Zarzuela". Fuente: Diario *Ahora* del 05/05/1933.

52. *Marie Curie* junto a la esposa del Ministro de Instrucción Pública en la finca "La Zarzuela". Fuente: Diario *Ahora* del 05/05/1933.

53. Residencia de Estudiantes (Colina de los Chopos). Fuente: http://www.residencia.csic.es.

www.ingramcontent.com/pod-product-compliance
Lightning Source LLC
Chambersburg PA
CBHW081721220526
45468CB00008B/1927